高等学校规划教材

爆 破 安 全

王明林　主编

北　京
冶金工业出版社
2015

内 容 简 介

本书共分9章，内容包括爆破概论、爆破技术、爆破安全技术、爆破安全管理的原理、爆破施工安全管理、爆破企业安全文化、爆破企业安全教育、爆破事故调查与事故应急预案及爆破事故案例等内容。本书强调爆破安全的科学性、系统性和实用性，理论联系实际，对爆破安全知识、技术、方法和科学的爆破安全管理机制等方面有较全面的叙述，代表了当今爆破安全科学的水准。

本书可作为高等学校采矿工程、矿建工程等相关专业的教学用书，也可作为爆破企业生产作业人员和有关安全管理人员的培训教材，同时还可供爆破科学研究人员、工程技术人员和安全管理人员参考。

图书在版编目（CIP）数据

爆破安全/王明林主编. —北京：冶金工业出版社，
2015.10
高等学校规划教材
ISBN 978-7-5024-7088-3

Ⅰ. ①爆…　Ⅱ. ①王…　Ⅲ. ①爆破安全—高等学校—教材
Ⅳ. ①TB41

中国版本图书馆 CIP 数据核字（2015）第 233279 号

出 版 人　谭学余
地　　　址　北京市东城区嵩祝院北巷 39 号　邮编　100009　电话　(010)64027926
网　　　址　www.cnmip.com.cn　电子信箱　yjcbs@cnmip.com.cn
责任编辑　程志宏　徐银河　美术编辑　彭子赫　版式设计　孙跃红
责任校对　李　娜　责任印制　牛晓波
ISBN 978-7-5024-7088-3
冶金工业出版社出版发行；各地新华书店经销；三河市双峰印刷装订有限公司印刷
2015 年 10 月第 1 版，2015 年 10 月第 1 次印刷
169mm×239mm；10.75 印张；249 千字；164 页
40.00 元

冶金工业出版社　投稿电话　(010)64027932　投稿信箱　tougao@cnmip.com.cn
冶金工业出版社营销中心　电话　(010)64044283　传真　(010)64027893
冶金书店　地址　北京市东四西大街 46 号(100010)　电话　(010)65289081(兼传真)
冶金工业出版社天猫旗舰店　yjgycbs.tmall.com
（本书如有印装质量问题，本社营销中心负责退换）

前　言

爆破是目前破碎岩石等固体介质最有效的方法。随着爆破技术的进步，拓宽了高效、经济和可控的爆破技术应用领域已广泛应用于矿业、交通、水利水电、石油、化工、国防及市政建设等部门，在国民经济建设中起到重要作用。然而，鉴于爆破作用过程的瞬时动态性及其爆破介质性状和环境条件的复杂多变性，以及爆破企业经济成分与人员结构的多元化和爆破安全管理机制水准差异等因素，使爆破生产面临着复杂的爆破安全问题，因此爆破技术的创新和爆破安全的科学管理亟待加强。

安全是人们生产生活活动的基本保证，安全也是国家的一项基本国策。爆破安全是爆破生产的基石，是企业爆破安全管理的目标，是推动保障爆破技术发展进步的基础条件，爆破安全亦是文明生产与社会进步的标志。所谓爆破安全系指爆破生产过程中人、机、环境的系统安全。爆破安全就是要保证爆破设计、爆破生产施工、安全检查、运输与储存等工序的人、机、环境安全，这就要求工程爆破应超前主动地进行科学的安全人机设计与规划，从本质上提高人的安全意识、观念、技能与道德等人文素质；采用先进的爆破技术、安全技术措施与科学的爆破安全管理机制，从而有效地控制、协调人的不安全行为与机和环境的不安全状态，以预防、控制和减少爆破生产活动中的风险、事故或有害效应，保障爆破安全生产。

诚然，为适应满足爆破安全教育之需求，同时亦希图构建爆破安全科学体制和机制，根据高等学校采矿工程和矿建工程等专业教学大纲规定，作者结合本科生、国外进修教学和辽宁省爆破企业法人培训教育等教学实践，按照科学性、先进性、系统性和实用性原则，理论联系实际，同时注重充实、加强爆破安全技术、方法和安全管理机制以及爆破安全文化等内容，著就了《爆破安全》一书。

本书共9章，主要内容包括爆破概论、爆破技术、爆破安全技术、爆破安全管理的原理、爆破施工安全管理、爆破企业安全文化、爆破企业安全教育、爆破事故调查与事故应急预案以及爆破事故案例等。

本书由王明林主编，孙俊鹏、王起新参加编写工作。其中，第1~第3章、第4.1节、第4.2节、第5.1节、第6.1节、第6.2节、第7章、第8.1节、第8.2节、第8.4节、第8.5节由王明林执笔；第5.2节、第5.3节、第6.3节和爆破事故案例由孙俊鹏执笔；第4.3节、第8.3节由王起新执笔。本书在编写的过程中，参阅或引用了多位教授、学者、专家的有关著作和卓越研究成果，在此向他们表示诚挚谢意；同时向为本书编审过程中提出过宝贵意见的教授、专家及同仁表示衷心感谢！

由于作者学识水平所限，书中不妥之处诚请广大读者和专家批评指正。

作　者
2015 年 5 月

目　　录

1 爆破概论

░░░

1.1 爆炸与炸药的基本概念

1.1.1 爆炸现象

爆炸是自然界中经常发生的自然现象。爆炸是某一物质系统瞬间急剧的物理或化学变化，同时释放大量能量而对周围介质做功的过程。如车轮胎放炮、锅炉爆炸、瓦斯爆炸、炸药爆炸、原子弹爆炸等。根据爆炸的原因和特征，通常将爆炸分为物理爆炸、化学爆炸和核爆炸三类：

（1）物理爆炸。爆炸时仅仅是物质形态发生变化，而物质的化学成分和性质没有改变的爆炸过程。如锅炉爆炸、雷电爆炸等。

（2）化学爆炸。爆炸时物质的化学成分和性质发生变化的爆炸过程。如炸药爆炸、煤尘爆炸、沼气爆炸等。

（3）核爆炸。原子核发生裂变或聚变的连锁反应引起的爆炸过程。如原子弹爆炸、氢弹爆炸等。

由于各类爆炸现象的特征、过程和工程应用条件要求不同，其化学爆炸备受关注。爆破是利用炸药能量使临近介质破碎或变形的过程。如岩土爆破、爆炸加工等。

1.1.2 炸药爆炸的基本特征

炸药是能发生急剧的化学反应，并瞬间释放大量热量和气体的相对稳定的化合物或混合物。炸药爆炸必须具备的基本特征是：

（1）化学反应过程释放大量的热。炸药爆炸反应过程放出大量的热能是炸药爆炸的首要条件，是维持其爆炸反应继续进行的基础，是对介质做功的能源。如硝酸铵的放热反应为

$$NH_4NO_3 \longrightarrow N_2 + 2H_2O + 1/2O_2 + 126.4kJ/mol \qquad (1-1)$$

（2）反应过程生产大量的气体。由于气体具有可压缩性的特点，炸药反应过程生成大量的气体是其做功的媒介，亦是爆炸反应的必要条件。否则将不会形成爆炸现象。如铝热剂反应：

$$2Al + Fe_2O_3 \Longrightarrow Al_2O_3 + 2Fe + 8290kJ \qquad (1-2)$$

（3）反应过程的高速度。只有炸药化学反应过程的高速度，才能减少炸药

的能量损失，才能使其释放出的大量热能和气体瞬间形成高温高压气体而做功。因此，炸药化学反应的高速度是区别其他化学反应的重要标志。

1.1.3　炸药的基本概念

1.1.3.1　炸药分类

炸药品种繁多，其分类方法各异。可按炸药物态、化学组分或特点和用途或应用领域等来进行分类。通常根据炸药作用特点和用途，将其分为起爆药、猛炸药、发射药和烟火剂四种。

（1）起爆药。起爆药的特点是极其敏感，受较小外能作用即能发生爆炸反应，且反应速率高。一般用其制造雷管或起爆其他类型炸药。常用的起爆药有雷汞 $Hg(CNO)_2$、叠氮化铅 $Pb(N_3)_2$、二硝基重氮酚 $C_6H_2(NO_2)_2N_2O$（简称 DDNP）等。

（2）猛炸药。与起爆药相比，其敏感度较低，威力大，是工程爆破的基本用药。根据化学成分的不同，猛炸药又分为单质猛炸药和混合猛炸药。

1）单质猛炸药。化学成分为单一化合物的猛炸药。该类炸药爆炸性能好，威力大，主要用于制造雷管、导爆索等起爆器材。如梯恩梯（TNT）、黑索金（RDX）、泰安（PETN）、硝化甘油（NG）、特屈儿（CE）、奥克托今（HMX）、硝基胍（NQ）等。

2）混合猛炸药。由两种或两种以上物质组成的爆炸性混合物。其敏感度较低，但威力较大，是工程爆破的主要用药。如硝铵类炸药（铵油炸药、膨化硝铵炸药、粉状乳化炸药等）、含水炸药（乳化炸药、水胶炸药等）、硝化甘油炸药、煤矿许用炸药（粉状硝铵类许用炸药、含水炸药、离子交换炸药、当量炸药、被筒炸药）等。混合炸药的主要组分有硝酸铵、木粉或油相、水相和添加剂，它们分别作为炸药的氧化剂、可燃剂或敏化剂、乳化剂等。

（3）发射药。其特点对火焰极其敏感，威力较弱，吸湿性强。可用作发射药和点火器材，如硝化棉火药、硝化甘油火药、黑火药等。

（4）烟火剂。由氧化剂与可燃剂组成的混合物，以其燃烧效应制作照明弹、信号弹、燃烧弹、烟幕弹等。

1.1.3.2　炸药化学变化的基本形式

爆炸并非炸药化学反应的唯一形式，由于炸药性质、激发条件或其他因素的差异，炸药化学变化过程的速度、性质迥然。按其传播速度和性质不同，将炸药化学变化的基本形式分为热分解、燃烧、爆炸和爆轰四种。

（1）热分解。常温下在炸药中均匀进行的分解作用。它是炸药化学变化的最低形式，其特点是反应速度慢，随内外条件变化而变化，并且是在炸药整体中均匀地进行分解反应。热分解与炸药贮存的安全性相关。

（2）燃烧。在外能作用下，炸药以低于炸药声速之每秒几毫米至每秒几米速度（最高也只有每秒几百米）进行的化学反应。炸药的燃烧主要以热传导形式传递能量，与环境条件密切相关。

（3）爆炸。炸药以每秒数千米之不稳定速度进行的急剧化学反应。它是炸药化学反应的最高形式，靠冲击波传递能量，在爆炸点附近产生压力、温度突变，且受环境条件影响。

（4）爆轰。炸药以其稳定的最大速度进行的急剧化学反应。爆轰与爆炸并无本质区别，只是其传播速度不同而已。在稳定条件下，炸药的爆轰速度为常数，而爆炸的传播速度是可变的。因此可以认为爆轰是炸药爆炸的最大稳定速度值，此时其释放的能量最大。

1.1.3.3　炸药的爆炸性能

炸药的爆炸性能指标主要有猛度、爆力、爆速、殉爆距离等。

（1）猛度。表示炸药爆炸瞬间对其邻近介质的局部压缩、粉碎或击穿的能力。一般以 mm 计。

（2）爆力。表示炸药爆炸时对临近介质的压缩、破坏或抛移的整体做功能力。它是衡量炸药威力，标示炸药做功能力的重要指标之一。

（3）爆速。爆轰波在炸药中的传播速度称为爆轰速度，简称爆速，其单位以 m/s 表示。

（4）殉爆距离。主发药卷爆炸引起与之不相接触的临近被发药卷爆炸的现象叫殉爆。主发药卷与引爆的被发药卷之间的最大距离称之为殉爆距离，一般以 cm 计。

1.1.4　炸药爆轰理论

1.1.4.1　炸药起爆

炸药是一种相对稳定的化合物或混合物，只有施加一定的外能才能使其爆炸。外能引起炸药发生爆炸反应的过程称为起爆。引起炸药爆炸的能量谓起爆能。根据外部作用形式的不同，起爆能可分为热能、机械能和爆炸能三种形式。如加热、撞击、摩擦、针刺、枪击和雷管爆炸、导爆索爆炸、起爆药包爆炸等。

炸药在外能作用下是否发生爆炸反应，主要取决于炸药的敏感度。炸药敏感度系指炸药在外能作用下发生爆炸反应的难易程度。影响炸药敏感度的因素主要是炸药的物理状态、化学性质、密度、掺和物性能和环境因素等。

1.1.4.2　爆轰波

所谓波就是扰动在介质中的传播；而扰动就是在受到外力作用时，介质状态（压力 p、温度 T、密度 ρ 等）发生的局部变化。因此，也可以说波是介质状态变化的传播。当波在传播过程中，其压力 p、密度 ρ、温度 T 等状态参数增加的波叫做压缩波。反之，介质状态参数 p、ρ、T 等均下降的波称为稀疏波。冲击波是在介质中以超声速传播并引起介质状态参数（p、ρ、T）突跃升高的特殊形式的压缩波。

实验表明，采用加速运动的活塞压缩圆管内的气体，可在其中形成冲击波。在正常条件下，炸药一旦被起爆发生爆炸反应，产生大量高温、高压和高速气流会在周围介质（即炸药分子）中激发冲击波。冲击波波阵面所到之处，使炸药分子活化而发生高速化学反应，反应所释放出来的能量的一部分是以补充冲击波传播过程中的能量损失，使其以稳定的爆轰速度和波阵面压力继续向前传播，其后紧跟着化学反应区以同等速度传播。这种伴随着化学反应，在炸药中传播的特殊形式的冲击波称为爆轰波。附有化学反应区的特殊形式的冲击波在炸药中的传播过程称为爆轰过程。

因此，爆轰波可视为由一个前沿冲击波和紧随的化学反应区构成，图 1-1 是爆轰波结构示意图。为简化起见，假设炸药爆轰气体只沿轴方向流动。

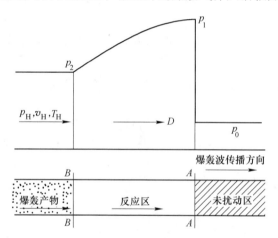

图 1-1 爆轰波结构示意图
$A-A$—冲击波波头；$B-B$—化学反应结束面（C-J面）

图 1-1 中 $A-A$ 面表示冲击波头，设其传播速度为 D。$A-A$ 面右方是未扰动区，其气体初始状态参数为 p_0、v_0、T_0，流速 $u_0=0$。在波头 $A-A$ 面上，由于强冲击波的压缩，其状态参数发生突跃变化并获得流速，压力由原始压力 p_0 突跃为 p_1，炸药因此受到强烈的冲击压缩，从而产生迅速的化学反应。化学反应开始至反应结束的区域称为反应区，即 $A-A$ 面与 $B-B$ 面之间的区域。$B-B$ 面表示化学反应终了的面，亦即通常所称的 C-J 面，该面上的气体状态参数与流速表示为 p_H、v_H、t_H 和 u_H。C-J 面也称爆轰波波头，其 C-J 压力即爆轰波阵面压力。冲击波阵面和紧附其后的化学反应区合称为爆轰波阵面。

1.1.4.3 爆轰波参数计算

由于爆轰波是在炸药中传播的一种特殊形式的冲击波，同样，亦可以质量守恒、动量守恒和能量守恒定律的关系，求得爆轰波的爆轰压力、爆轰产物体积、密度等状态参数。

（1）爆轰压力

$$p_H = \frac{1}{K+1}\rho_0 D^2 \qquad\qquad (1-3)$$

（2）爆轰终了瞬间产物体积

$$V_H = \frac{K}{K+1}\nu_0 \qquad\qquad (1-4)$$

（3）爆轰终了瞬间产物密度

$$\rho_H = \frac{K+1}{K}\rho_0 \qquad\qquad (1-5)$$

（4）爆轰终了瞬间产物温度

$$T_H = \frac{2K}{K+1}T_c \qquad\qquad (1-6)$$

（5）爆轰速度 D

$$D = \sqrt{2(K^2-1)Q_v} \qquad\qquad (1-7)$$

（6）C–J 面处的质点速度 u_H

$$u_H = \frac{1}{K+1}D \qquad\qquad (1-8)$$

式中 K——系数，通常可取 3；

     D——炸药爆轰速度，m/s；

     ν_0——炸药爆容，L/kg；

     ρ_0——炸药初始密度，kg/cm^3；

     T_c——定容条件下的爆温，℃；

     Q_v——炸药爆热，kJ/kg。

在现代技术条件下，爆速 D 可以直接测定，而 ρ_0 是已知炸药的初始密度。因此，可利用前述方程求得爆轰波其他参数值。

1.1.4.4 爆轰波稳定传播的条件

在一定条件下炸药起爆后能继续传爆，然而在不利条件下，爆轰也可以终止或者转变为爆燃或燃烧；反之，在密闭条件下或者大量炸药燃烧时，也可因热量不断积聚而由燃烧转变为爆炸。在其他条件一定时，爆轰波是以与反应区释出能量相对应的参数进行传播的。因此，炸药能否达到稳定爆轰乃至理想爆轰，取决于炸药颗粒反应终了所需时间 t_2 与药包周边至轴线扩散过程所需时间 t_1 的关系。炸药爆速高，其反应终了所需时间 t_2 小，同时，侧向扩散时间 t_1 亦小。适当增大药包直径，可满足爆轰波稳定传播条件。

炸药的爆轰状态分为理想爆轰和非理想爆轰。任意增大药包直径和长度而爆轰波传播速度仍保持稳定的最大值的爆轰称为理想爆轰。爆轰波以低于最大爆轰波速度的定常速度传播的爆轰谓之非理想爆轰。非理想爆轰又分为稳定爆轰和不稳定爆轰。如图1-2炸药爆速随药包直径变化图所示，在工程爆破中，为了保证爆破效果，提高炸药能量利用率，在综合平衡施工技术和经济效果的同时，必须避免不稳定爆轰的发生而力求达到理想爆轰，即必须使药包直径 d 大于药包的临界直径 $d_{临}$ 而尽可能地达到（或大于）药包极限直径 $d_{极}$。

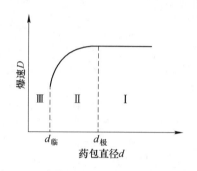

图1-2 炸药爆速随药包直径变化示意图

I—理想爆轰区；II—稳定爆轰区；III—不稳定爆轰区

1.2 爆破器材与起爆方法

用于起爆炸药的器材叫起爆器材，如雷管、导爆索、导爆管等。炸药和起爆器材统称为爆破器材。在工程爆破中，根据爆破网路中使用的起爆器材不同，起爆方法分为电雷管起爆法、导爆管雷管起爆法、导爆索起爆法和其他起爆法四类。

1.2.1 电雷管起爆法

电雷管起爆法由电雷管、导线和起爆电源组成。是利用电能引爆电雷管进而起爆炸药的起爆方法。

1.2.1.1 电雷管的结构

电雷管的结构由管壳、正起爆药、副起爆药、加强帽、脚线、密封塞、桥丝、引火药等构成。瞬发电雷管结构如图1-3所示。

电雷管根据其结构特点不同，可分为瞬发电雷管、秒延期电雷管、毫秒延期

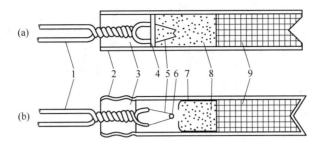

图1-3 瞬发电雷管结构图

（a）直插式；（b）药头式

1—脚线；2—管壳；3—密封；4—纸垫；5—桥丝；6—引火头；

7—加强帽；8—主起爆药；9—副起爆药

电雷管等几种。毫秒延期电雷管的结构如图1-4所示。国产延期电雷管如表1-1所示。

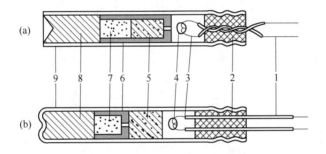

图1-4 毫秒延期电雷管结构图

（a）装配式；（b）直填式

1—脚线；2—密封塞；3—桥丝；4—引火头；5—延期药；

6—加强帽；7—主起爆药；8—副起爆药；9—管壳

表1-1 国产延期电雷管的段别及延期时间

段别	第一系列 /ms	第二系列 /ms	第三系列 /ms	第四系列 /ms	1/4系列 /s	半秒系列 /s	1秒系列 /s	2秒系列 /s	3秒系列 /s
1	0	0	0	0	0	0	.	0	0
2	25	25	25	25	0.25	0.50	1.2	2	1
3	50	50	50	45	0.50	1.00	2.3	4	2
4	75	75	75	65	0.75	1.50	3.5	6	3
5	110	100	100	85	1.00	2.00	4.8	8	4

段别	第一系列 /ms	第二系列 /ms	第三系列 /ms	第四系列 /ms	1/4系列 /s	半秒系列 /s	1秒系列 /s	2秒系列 /s	3秒系列 /s
6	150		128	105	1.25	2.50	6.2	10	5
7	200		157	125	1.50	3.00	7.7		
8	250		190	145		3.50			
9	310		230	165					
10	380		280	185					
11	460		340	205					
12	550		410	225					
13	650		480	250					
14	760		550	275					
15	880		625	300					
16	1020		700	330					
17	1200	煤矿许用毫秒延期电雷管	780	360					
18	1400		860	395					
19	1700		945	430					
20	2000		1035	470					
21			1125	510					
22			1225	550					
23			1350	590					
24			1500	630					
25			1675	670					
26			1876	710					
27			2075	750					
28			2300	800					
29			2550	850					
30			2800	900					
31			3050						

　　电雷管的主要性能参数包括电阻、最小准爆电流、最大安全电流等。

　　电雷管电阻是指其桥丝电阻和脚线电阻值之和，又称为电雷管的全电阻。电阻值的大小因电雷管桥丝材料（康铜或镍铬桥丝）与脚线材料（铜或铁脚线）的不同而异。

　　最小准爆电流是给电雷管通以恒定的直流电，能将桥丝加热到点燃引火药的最小电流强度。国产电雷管的最小准爆电流不大于 0.7A。

最大安全电流是给电雷管通以恒定的直流电流，在一定时间（5min）内不会引燃引火头的最大电流。国产电雷管的最大安全电流是：康铜桥丝电雷管为 0.3A；镍铬桥丝电雷管为 0.125A。

串联起爆电流是给串联连接的 20 发电雷管通以恒定的直流电流，使受试电雷管全部起爆的电流值。一般为 12A 的恒定直流电流。

1.2.1.2　电爆网路连接形式

为了保证同一电爆网路中所有电雷管起爆，根据工程爆破设计需用的电雷管数量和起爆电流性质，电爆网路常用的连接形式有串联、并联、串并或并串联等。

串联电爆网路如图 1 - 5 所示，串联网路是将所有要起爆的电雷管的两根脚线或端线依次串联连接成一回路。

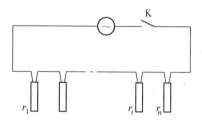

图 1 - 5　串联电爆网路示意图

串联回路的总电阻

$$R = R_1 + nR_2 + nr = R_1 + n(R_2 + r) \qquad (1-9)$$

式中　R_1——主线电阻，Ω；

R_2——药包之间的连线电阻，Ω；

r——电雷管的电阻，Ω；

n——串联电雷管数目。

串联网路总电流

$$I = i = U/(R_1 + nR_2 + nr) \qquad (1-10)$$

式中　U——起爆电源的电压，V；

I——网路总电流，A；

i——通过每个雷管的电流，A；

其他符号意义同前。

在施工中，串联电爆网路操作简单方便，便于进行线路检查。串联电爆网路受起爆电源电压限制，串联的雷管个数有限，一般在小规模工程爆破中广泛采用。

并联电爆网路典型的连接方式如图 1 - 6 所示，它是将所有要起爆的电雷管两脚线分别对应连接到两主线上，然后再与电源相接。

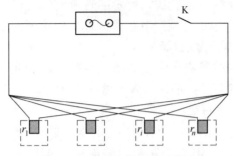

图 1-6　并联电爆网路示意图

并联电爆网路总电阻值

$$R = R_1 + R_2/m + r/m = R_1 + (R_2 + r)/m \qquad (1-11)$$

式中　m——网路中并联电雷管数目；

其他符号含义同前。

并联电爆网路总电流

$$I = U/R_1 + (R_2 + r)/m \qquad (1-12)$$

通过每个电雷管的电流

$$i = I/m \qquad (1-13)$$

并联电爆网路要求各支路的电阻值平衡。因此，每条支路的连接线电阻和雷管电阻应相同，不然，流经网路中每个电雷管的电流不平衡，可能产生拒爆。由于起爆回路的主线电流值大，要求主线的电阻值要小，因此并联网路的主线要用断面面积大的导线。

混合电爆网路是由串联和并联组合起来的一种网路。其网路连接类型有串并联（图 1-7）、并串联和并串并联（图 1-9）等形式。

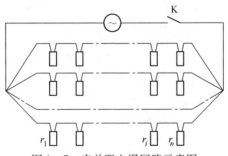

图 1-7　串并联电爆网路示意图

串并联网路是由两条以上的串联回路的端线并联后再接入主线，就是简单的串并联网路。如果所有电雷管的电阻值 r 和雷管间连接线的长度一样（即电阻 R_2 相同），这时回路的总电阻

$$R = R_1 + \frac{n}{m}(R_2 + r) \quad\quad (1-14)$$

回路中的总电流

$$I = \frac{U}{R_1 + \frac{n}{m}(R_2 + r)} \quad\quad (1-15)$$

通过每个雷管的电流

$$i = I/m = \frac{U}{mR_1 + n(R_2 + r)} \quad\quad (1-16)$$

式中　n——串并联时串联组内的电雷管数或并串联时的串联组数；

　　　m——串并联时的并联组数或并串联时并联组内的电雷管数；

　　其他符号意义同前。

并串联是先将药包的若干发雷管并联成组，然后再将各并联组串联起来，接到起爆电源上，如图 1-8 所示。同理，这时电爆网路的总电阻 R、通过网路的总电流 I 和通过每个雷管的电流 i 分别由式（1-14）、式（1-15）和式（1-16）计算。

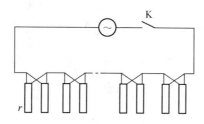

图 1-8　并串联电爆网路示意图

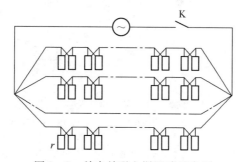

图 1-9　并串并联电爆网路示意图

1.2.2　导爆管雷管起爆法

1.2.2.1　导爆管雷管起爆系统

导爆管雷管起爆法是利用激发导爆管传递的冲击波引爆雷管而直接（或间

接）起爆炸药药包的方法。导爆管雷管起爆法属非电起爆法，目前在国内外得到广泛应用。其优点是不受杂散电流、静电、射频电及雷电等外来电的影响，安全性高；操作简单、方便；可以实现工程需求（或不受限制）的多段延时起爆，能满足复杂环境条件下控制爆破的要求。缺点是起爆网路的连接质量无法用仪表检测；不能用于有瓦斯、煤尘爆炸危险的环境。

　　导爆管雷管起爆法是由激发元件、连接装置、传爆元件和起爆元件构成的起爆系统。用以激发导爆管雷管起爆系统引爆的装置谓激发元件，如击发笔、雷管、电火花枪、火帽等。实现导爆管插接的网路连接装置称为连接元件，如四通、连接块或传爆雷管等。所谓传爆元件是通过雷管或导爆索（炸药）将网路连接下去的装置。由于导爆管不能直接起爆炸药，所以导爆管网路的起爆元件即雷管。

1.2.2.2　导爆管雷管起爆网路的连接形式

　　导爆管起爆法网路的连接形式很多，基本上可分为三类：

　　（1）簇联法。将炮孔内引出的导爆管分成若干束，每束导爆管捆连在一发（或多发）导爆管传爆雷管上，将这些导爆管传爆雷管再集束捆连在上一级传爆雷管上，直至用一发或一组起爆雷管击发即可以将整个网路起爆。网路连接示意见图 1 - 10。这种网路操作简单、方便，多用于炮孔比较密集和采用孔内延时组成的网路连接中。

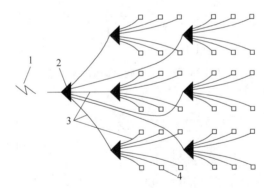

图 1 - 10　导爆管簇联起爆网路连接（传爆元件）示意图

1—激发元件；2—传爆元件；3—导爆管；4—炮孔

　　（2）并串联连接法。从击发点出来的爆轰波通过导爆管、传爆元件或分流式联结元件逐级传递下去，并引爆装在药包中的导爆管雷管使药包起爆（图 1 - 11、图 1 - 12）。

　　（3）闭合网路连接法。闭合网路与上述导爆管网路不同，它是通过反射式联结元件塑料套管接头（或塑料四通接头）和导爆管连接技巧，把导爆管连接成网格状多通道的环形起爆网路，可以确保起爆网路的可靠性（图 1 - 13）。

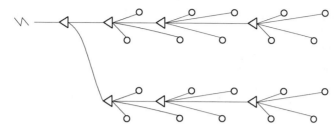

图 1 - 11　导爆管并串联起爆网路（分流式联结元件）示意图

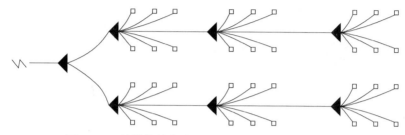

图 1 - 12　导爆管并串联起爆网路（传爆元件）示意图

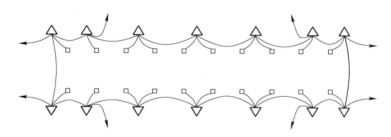

图 1 - 13　闭合起爆网路连接示意图

1.2.3　其他起爆法

1.2.3.1　导爆索起爆法

导爆索起爆法是由雷管、导爆索或继爆管构成的起爆网路，以导爆索的爆炸能量起爆炸药的起爆方法。其优点包括操作简单方便，安全可靠，抗外来电干扰性能好。缺点是成本高，起爆网路连接的质量无法用仪器检查，爆破噪声较大等。导爆索起爆法主要用于硐室爆破、深孔爆破和一些特殊爆破。

导爆索起爆网路的连接形式由主干线、支线或继爆管组成。其起爆网路连接的方法有齐发起爆网路和导爆索 - 继爆管毫秒起爆网路两种。一般由雷管引爆导爆索，继而激发网路中的炸药爆破。

导爆索传递爆轰波的能力具有方向性。因此，当支导爆索与主爆破索连接时，支索头迎着主索的传爆方向，两索传爆方向的夹角小于 90°；且雷管的聚能穴朝向导爆索的传爆方向。在炮孔与支索或支索与支索之间连接时，两索之间的

搭接长度不应小于 15cm。其搭接方式有平行搭接、扭接、三角形连接和水手接
等方法，如图 1 - 14 所示。

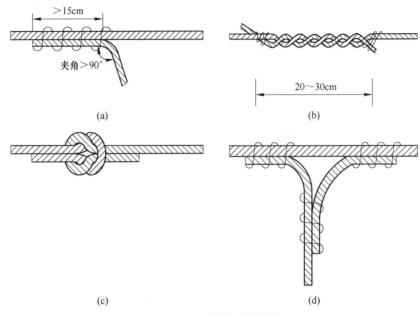

图 1 - 14 导爆索连接方式
(a) 平行搭接；(b) 扭接；(c) 水手接；(d) 三角形接

工程爆破中为了提高网路起爆系统的准爆率和安全性，可根据爆破性质和爆
破器材来源选取混合起爆网路。如导爆索 - 电雷管、导爆索 - 导爆管雷管，或者
电雷管 - 导爆管雷管混合起爆网路等。

1.2.3.2 数码电子雷管起爆系统

数码电子雷管是继电磁雷管之后的新型高技术雷管产品，是一种时间可任意
设定并精确实现发火延期的新型电能起爆器材。数码电子雷管由瞬发电雷管和微
型电子定时器（集成电路芯片）组成。电子定时器取代了普通电雷管中的延期
药和电点火元件，不仅提高了雷管延时精度，还可控制通往引火头的电源性质。
数码电子雷管延期时间精度高、安全可靠，雷管的延期时间可以（1±0.2）ms 延
时精度任意设定，不受静电、杂电、射频电等外来电的影响。目前，澳大利亚、
南非、瑞典、日本和中国相继生产使用了数码电子雷管。

数码电子雷管起爆系统由专用起爆器、数码电子雷管、导线和装药药包组成。

1.3 岩石爆破机理

1.3.1 岩石爆破破坏理论

实验研究表明，炸药在岩石中爆轰时，岩石的破坏过程是能量释放、传递与

做功的过程。在这个过程中，由于炸药爆炸的瞬时性、加载速率高动态性及岩石性状复杂性，使得岩石爆破破坏的理论研究极其复杂。

近年来，由于观测技术的进步，计算机和新型爆破器材的应用，岩石爆破破坏理论研究和生产实践表明，岩石爆破破坏主要是由炸药爆轰的冲击波和爆轰气体产物作用引起的。

炸药在岩石中爆轰时，瞬间产生高温、高压、高速的冲击波和爆轰气体产物作用于岩体，它们在岩石破坏过程的不同阶段起着重要作用。即炸药爆破瞬间，爆轰波在装药空间岩石壁面形成的冲击波，在岩石中激起强烈的冲击压缩应力波，它的强度大大超过了岩石的动抗压强度而使近区岩石压碎，继而向外传播，其强度降低，至岩石表面形成拉应力波而致岩石"片落"。与此同时，生成的大量高温、高压、爆轰气体产物和膨胀压力作用在装药空间岩壁上，引起岩石质点径向位移，导致岩石中形成切应力而产生径向、环向裂隙；同时，高温、高压爆轰气体产物的"气楔效应"致初始裂隙继续延伸、扩展，当爆轰气体膨胀推力足够大时，还会引起岩石隆起、抛移。

炸药爆轰形成的冲击应力波和爆轰气体膨胀压力是岩石爆破破坏的主要因素。爆炸冲击应力波是岩石破切的先导，是形成裂隙的基础。爆轰气体产物膨胀压力在岩石中造成的准静态应力场，是岩石破碎的主要能源，亦是岩石裂隙的形成、发展与岩石隆起或抛掷的动力源泉。

1.3.2　岩石爆破破坏物理过程

炸药在岩石介质中爆炸时，爆炸激起的冲击应力波和高温高压爆轰气体产物在周围介质中传播，引起岩石介质的破坏与变形。根据爆炸能量性质和介质的破坏特征，炸药在岩石介质中的爆炸破坏物理过程如图 1 - 15 所示。由药包中心至外，依次形成粉碎区（压缩区）、破裂区（裂隙区）和振动区。

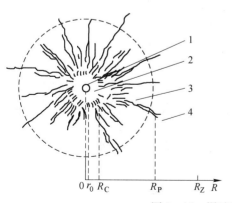
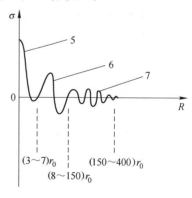

图 1 - 15　爆破作用分区示意图

1—药包；2—粉碎区；3—裂隙区；4—振动区；5—冲击波；
6—压缩应力波；7—地震波；r_0—药包半径

如果炸药包埋置位置离岩石介质自由面较近（半无限介质），炸药爆炸时，由于岩石介质爆破破坏过程的自由面效应和爆轰气体产物膨胀推力作用，使岩石介质表面鼓包隆起，继而破裂抛移，形成一个倒圆锥形的爆破坑。即炸药爆炸在岩石介质表面形成一个倒置圆锥形的爆破坑叫爆破漏斗，如图 1 - 16 所示。

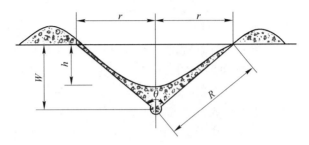

图 1 - 16　爆破漏斗示意图

r—爆破漏斗半径；W—最小抵抗线；R—漏斗破裂半径；

h—漏斗可见深度；θ—漏斗张开角

爆破漏斗由下列要素构成：

（1）爆破漏斗半径 r，表示在介质临空面上爆破破坏范围的大小。

（2）最小抵抗线 W，在临空面为水平的情况下，它就是药包的埋置深度。

（3）漏斗破裂半径 R，爆破漏斗的侧边线长，表示爆破作用在岩体中的破坏范围。

（4）漏斗可见深度 h，药包爆破后，一部分岩块被抛掷到漏斗以外，一部分又回落到漏斗内，形成一个可见漏斗。从临空面到漏斗内岩块堆积表面的最大深度谓之漏斗可见深度。

（5）漏斗张开角 θ，即爆破漏斗的锥角，它表示漏斗的张开程度。

爆破作用指数 n 是表征爆破作用性质的重要参数，它是由爆破漏斗半径 r 与最小抵抗线 W 的比值，即

$$n = \frac{r}{W} \tag{1-17}$$

当爆破作用指数 n 值变化时，爆破作用性质、爆破漏斗大小和爆破岩体抛散状态亦发生变化。因此，依 n 值的不同，将爆破漏斗性状分为四种形式。即标准抛掷爆破漏斗（$n = 1.0$）、加强抛掷爆破漏斗（$1 < n < 3$，$\theta > 90°$，一般 $n = 1.2 \sim 2.5$）、减弱抛掷（加强松动）爆破漏斗（$1 > n > 0.75$）和松动爆破漏斗（$n \leqslant 0.75$）。

1.3.3　装药量计算原理

装药量是工程爆破的重要指标，其值大小直接关系到爆破效果、成本与安

全，进而影响铲、装、运等后序工作的综合技术经济效果。鉴于爆破过程的复杂性，通过试验研究，目前沿用工程类比法计算炸药的装药量。

单个药包在自由面附近爆炸形成爆破漏斗时，根据体积法则，在一定岩石条件下，爆破装药量 Q 大小与所爆破岩石体积 $\overline{V}$ 成正比，即

$$Q = q\overline{V} \tag{1-18}$$

式中　Q——装药量，kg；

$\overline{V}$——被爆破的岩石体积，m^3；

q——爆破单位体积岩石的炸药消耗量，kg/m^3。

1.3.3.1　标准抛掷爆破装药量 Q_b

标准抛掷爆破装药量

$$Q_b = q_b W^3 \tag{1-19}$$

式中　q_b——形成标准抛掷爆破漏斗的单位体积岩石的炸药消耗量，kg/m^3；

W——最小抵抗线，m。

1.3.3.2　非标准抛掷爆破装药量 Q

非标准抛掷爆破时，爆破漏斗体积是爆破作用指数 n 的函数。因而，其装药量

$$Q = f(n)q_b W^3 = (0.4 + 0.6n^3)q_b W^3 \tag{1-20}$$

1.3.3.3　松动爆破装药量 Q_s

松动爆破装药量

$$Q_s = (0.33 \sim 0.55)q_b W^3 \tag{1-21}$$

1.3.4　提高炸药能量利用率

工程爆破中为了实现爆破"优质、高效、安全、低耗"的目标，必须认真分析影响爆破作用的因素，正确选择计算工程爆破设计参数。

1.3.4.1　影响爆破作用的因素

影响爆破作用的因素很多，主要有炸药性能、岩石性质和爆破工艺参数等。

（1）炸药性能对爆破作用的影响。主要是指炸药的物理化学性态，如密度、爆速、爆轰压力和爆轰气体等。

（2）岩石性质对爆破作用的影响。如岩石种类、密度、强度、弹塑性、结构构造和岩石波阻抗等。

（3）爆破工艺参数对爆破作用的影响。爆破参数与工艺是影响爆破效果的主要因素，如爆破设计的科学性、选择的爆破技术与方法、自由面状况、最小抵抗线、炸药单位消耗量、装药结构、填塞质量和起爆方法的正确性等。

1.3.4.2　提高炸药能量利用率

试验研究表明，炸药在岩石中爆炸后，只有一少部分（3%～5%，最多

10% ~15% ）能量用于克服岩石的凝聚力，使原生或次生裂隙形成、扩展与破裂，或将岩石破碎抛移；而大部分炸药能量作为无用功损耗而产生爆破地震、空气冲击波和飞石等爆破公害。因此，设法提高炸药能量利用率，对改善爆破效果、保证安全具有重要意义。

提高炸药能量利用率的途径，一是使炸药的固有能量在其爆轰时充分释放，如改善炸药的起爆与传爆状态；二是对已释放的炸药能量充分利用，有效地破碎岩石，如正确设计选择爆破技术、方法和工艺参数等。针对目前工程爆破的实际情况，可采取如下技术措施：

（1）改善炸药起爆与传爆条件，力求使其达到理想爆轰状态，最大限度地释放炸药固有能量。如适当增大起爆能量、合理确定炸药与岩石波阻抗匹配、正确计算选择爆破延期时间、多点起爆、保证炮孔填塞质量、注意选择炸药性能与装药防潮抗水等。

（2）优化爆破工艺参数。如科学地进行爆破设计、优化爆破参数、合理地选择装药结构和爆破网路起爆顺序等。

（3）进行爆破理论技术研究与创新。深入系统地研究岩石爆破破坏机理，针对不同的岩石性状和工程爆破要求，探索研究科学、实用和针对性的爆破新技术（如智能爆破）、新工艺，是提高炸药能量利用率的根本途径。

思 考 题

1. 什么是爆炸，爆炸具有什么特征？
2. 炸药按其特点和用途可分为哪几类？试说明各类炸药的特点与用途。
3. 炸药化学变化的形式有哪几种？
4. 什么是爆速？什么是炸药的敏感度？
5. 简述炸药的爆炸性能。
6. 什么是起爆能，炸药的起爆能有哪几种？
7. 什么是冲击波？什么是爆轰波？
8. 何谓起爆器材？工程中常用的起爆器材有哪几种？
9. 电雷管分为哪几种？试说明各种电雷管的特点。
10. 工程中常用的起爆方法有哪几种？
11. 简述电雷管的性能参数及其网路连接方法。
12. 简述导爆管雷管起爆网路的连接方法。
13. 什么是爆破漏斗，其构成要素有哪些？
14. 什么是爆破作用指数？试说明其工程意义。
15. 影响爆破作用的主要因素是什么？试述提高炸药能量利用率的途径。

2 爆破技术

2.1 露天爆破

2.1.1 露天浅孔爆破

浅孔爆破系指炮孔直径小于 50mm，深度小于 5m 的爆破。浅孔爆破施工容易，操作简单、灵活，但爆破作业频繁，经济效益和安全性不如深孔爆破。浅孔爆破多适宜于场地平整或小型矿山采矿、采石场工程等。

浅孔爆破工艺是工作面以台阶形式推进的爆破方法。浅孔爆破设计参数主要包括：台阶高度 H、炮孔直径 D、炮孔深度 L、最小抵抗线 W、炮孔间距 a、炮孔排距 b、台阶安全距离 B、单孔装药量 Q_k、单位炸药消耗量 q 等。浅孔爆破如图 2 - 1 所示。

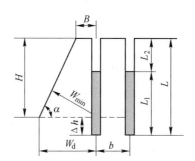

图 2 - 1　浅孔台阶爆破法示意图

H—台阶高度；L—炮孔深度；Δh—超深；B—台阶安全距离；
W_{min}—最小抵抗线；W_d—底盘抵抗线

浅孔爆破台阶高度 $H = 2 \sim 5m$，浅孔爆破炮孔直径 D 一般为 $36 \sim 42mm$。

炮孔深度

$$L = H + \Delta h \tag{2 - 1}$$

式中　H——台阶高度，m；

　　　Δh——炮孔超深，m。

一般取

$$\Delta h = (0.1 \sim 0.5)H \tag{2 - 2}$$

底盘抵抗线

$$W_d = (0.4 \sim 1.0)H \tag{2-3}$$

当岩石爆破性差或台阶高度较高时，W_d 计算应取较小的系数。

炮孔间距

$$a = (1.0 \sim 2.0)W_d \tag{2-4}$$

或炮孔间距

$$a = (0.5 \sim 1.0)L \tag{2-5}$$

炮孔排距

$$b = (0.8 \sim 1.2)W_d \tag{2-6}$$

炸药单位消耗量 q 从表 2 - 1 选取。

表 2 - 1 台阶松动爆破单位用药量

岩石坚固系数 f	1 ~ 2	3 ~ 4	5	6	8	10	12	14	16	20
$q/\text{kg} \cdot \text{m}^{-3}$	0.40	0.43	0.46	0.50	0.53	0.56	0.60	0.64	0.67	0.70

2.1.2 露天深孔爆破

炮孔直径大于 50mm，深度大于 5m 的爆破称为深孔爆破。深孔爆破效率高，安全性比浅孔爆破好，是目前矿山工程和建设工程常用的岩土爆破技术。

2.1.2.1 深孔爆破台阶要素

露天深孔爆破的台阶要素含义如图 2 - 2 所示，包括：台阶高度 H、钻孔深度 L、装药长度 L_1、填塞长度 L_2、超深 Δh、台阶坡面角 α、孔距 a、排距 b、台阶安全距离（前排炮孔中心至坡顶线的距离）B、炮孔的最小抵抗线 W、炮孔底盘抵抗线 W_d。

深孔爆破钻孔形式一般分为垂直钻孔和倾斜钻孔两种。

深孔爆破炮孔布置形式分为方形、矩形和三角形（即梅花形）三种。

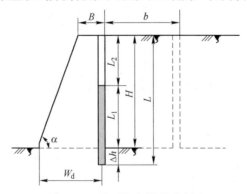

图 2 - 2 露天深孔爆破示意图

H—台阶高度；L—炮孔深度；Δh—超深；L_1—装药长度；

L_2—填塞长度；W_d—底盘抵抗线；B—安全距离；b—排距

2.1.2.2 深孔爆破参数计算

深孔爆破台阶高度一般为 8～18m。炮孔直径取决于钻机类型、爆破规模、台阶高度和岩石性质。目前国内常用的深孔直径有 80～150mm、170～200mm、250～310mm 等几种。

A 炮孔深度

垂直深孔深度

$$L = H + \Delta h \tag{2-7}$$

或倾斜深孔深度

$$L = H/\sin\alpha + \Delta h \tag{2-8}$$

式中 Δh——超深，m。计算超深可使用式 $\Delta h = (0.15 \sim 0.35)W_d$ 或 $\Delta h = (0.12 \sim 0.25)H$（未考虑孔径因素）或 $\Delta h = (8 \sim 12)D$ 进行计算。当岩石松软时，Δh 取小值，岩石坚固时，Δh 取大值；对于煤层或特别保护的底板爆破，Δh 可取负值。深孔爆破一般超深为 0.5～3.6m；

α——台阶坡面角，α 一般为 60°～75°；

D——炮孔直径，mm；

W_d——底盘抵抗线，m；

其他符号意义同前。

B 底盘抵抗线

根据钻孔安全作业条件

$$W_d \geqslant H\cot\alpha + B \tag{2-9}$$

或根据台阶高度或炮孔直径计算

$$W_d = (0.6 \sim 0.9)H \tag{2-10}$$

$$W_d = KD \tag{2-11}$$

式中 K——系数，一般 $K = 20 \sim 40$；

D——炮孔直径，mm。

也可按炮孔装药量应等于爆破岩石体积所需炸药量原理（巴隆公式）计算 W_d：

$$W_d = D\sqrt{\frac{0.785\rho K_e}{mq}} \tag{2-12}$$

式中 D——炮孔直径，m；

ρ——装药密度，kg/m³；

K_e——装药长度系数，$K_e = 0.35 \sim 0.65$；

q——单位炸药消耗量，kg/m³。q 可按表 2-2 选取，或以类似工程实际单耗值选取；

m——炮孔密集系数（即孔距与排距之比），一般 $m = 1.2 \sim 1.5$；

其他符号意义同前。

C 孔距和排距

孔距是同排相邻两炮孔中心线间的距离。

$$a = mW_d \tag{2 - 13}$$

式中 m——炮孔密集系数，m 值通常大于 1.0，在宽孔距、小抵抗线爆破中，$m = 3 \sim 4$ 或更大，但第一排炮孔一般应选较小的 m 值。

炮孔排距是相邻两排炮孔中心线间的距离。

$$b = KW_d \tag{2 - 14}$$

式中 K——系数，垂直孔时取 $0.6 \sim 0.8$；倾斜孔时取 $0.8 \sim 1.0$。

三角形布孔时

$$b = a\sin\alpha = 0.866a \tag{2 - 15}$$

D 填塞长度

炮孔填塞长度对改善爆破质量、提高炸药能量利用率和保证爆破安全具有重要作用。一般填塞长度 L_2 不小于底盘抵抗线 W_d 的 0.75 倍或取炮孔直径 D 的 $20 \sim 40$ 倍。

$$L_2 = (0.7 \sim 1.0)W_d \tag{2 - 16}$$

其中，垂直深孔取 $0.7 \sim 0.8$；倾斜深孔取 $0.9 \sim 1.0$。

或 $$L_2 = (20 \sim 30)D \tag{2 - 17}$$

E 单孔装药量

$$Q_k = qabH \tag{2 - 18}$$

其中，q 可从表 $2 - 2$ 查取。

表 2 - 2 单位炸药消耗量 q 值

岩石坚固性系数 f	0.8 ~ 2	3 ~ 4	5	6	8	10	12	14	16	20
$q/\text{kg} \cdot \text{m}^{-3}$	0.40	0.45	0.50	0.55	0.61	0.67	0.74	0.81	0.88	0.98

2.1.2.3 爆破工艺

露天深孔爆破的装药结构视炮孔深度和岩石性质而定，一般分为连续装药和不耦合装药结构两种。而起爆药包放置位置有正向、反向和多点起爆三种。

露天深孔爆破起爆网路顺序多种多样，一般采用的有排间顺序起爆、对角线顺序起爆、V 形顺序起爆，波浪式顺序起爆和逐孔顺序起爆等，如图 2 - 3 所示。

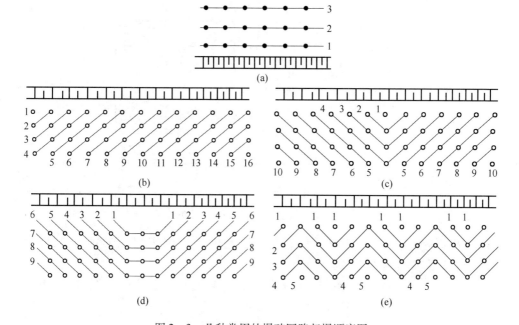

图 2-3 几种常用的爆破网路起爆顺序图

(图中数字为起爆顺序)

(a) 排间顺序起爆；(b) 对角线顺序起爆；(c) V 形顺序起爆；

(d) 梯形顺序起爆；(e) 波浪式顺序起爆

2.2 地下爆破

地下爆破是指地表以下的井巷工程爆破或采矿场爆破，包括平巷掘进爆破、井筒掘进爆破和采矿场矿房采矿爆破等。

2.2.1 井巷掘进爆破

井巷掘进爆破的特点是只有一个自由面，每一循环的炮孔深度受限，而且岩石开挖断面要求高。因此，进行井巷掘进爆破设计时必须综合考虑井巷开挖断面、岩石性质、任务和工期要求，合理确定其爆破形式和参数。

2.2.1.1 炮孔布置形式

平巷掘进工作面炮孔，按其位置和作用不同，分为掏槽孔、辅助孔和周边孔。对于平巷和斜井而言，周边孔又分为顶孔、底孔和帮孔，如图 2-4 所示。

A 掏槽孔

掏槽孔的作用是首先在工作面上造成一个槽腔作为第二个自由面，为其他炮孔爆破开创有利条件。为了充分发挥掏槽孔的作用，掏槽孔应比其他炮孔孔深增加 150~200mm。

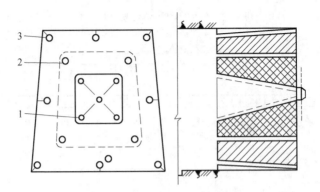

图 2 - 4　平巷工作面炮孔布置图

1—掏槽孔；2—辅助孔；3—周边孔

　　根据巷道断面、岩石性质和地质构造等条件，掏槽孔排列形式有倾斜掏槽、垂直掏槽和混合掏槽三种。

　　（1）倾斜掏槽是掏槽孔与工作面斜交。通常又分为单向掏槽、锥形掏槽和楔形掏槽，如图 2 - 5 ~ 图 2 - 7 所示。

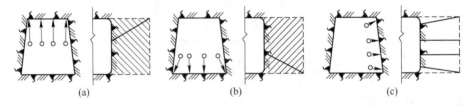

图 2 - 5　单向掏槽示意图

（a）顶部掏槽；（b）底部掏槽；（c）侧面掏槽

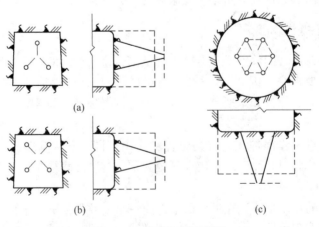

图 2 - 6　锥形掏槽示意图

（a）三角锥形；（b）正四角锥形；（c）圆锥形

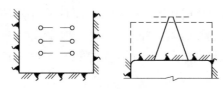

图 2-7 垂直楔形掏槽示意图

（2）垂直掏槽是掏槽孔均垂直于工作面，其中有一个或数个炮孔不装药，作为装药孔爆破时的辅助自由面。垂直掏法又分为龟裂掏槽、桶形掏槽和螺旋掏槽，如图 2-8~图 2-10 所示。

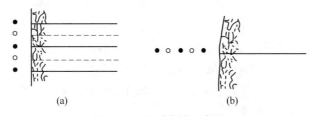

图 2-8 龟裂掏槽示意图
（a）垂直龟裂掏槽；（b）水平龟裂掏槽

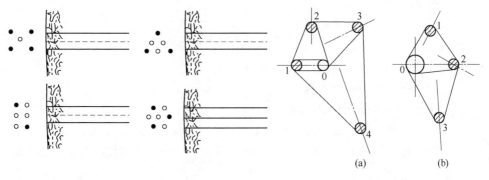

图 2-9 桶形掏槽示意图
●—装药孔；○—空孔

图 2-10 螺旋掏槽示意图
（图中数字为起爆顺序）
（a）小直径空孔；（b）大直径空孔

混合掏槽是两种以上掏槽方式的混合使用。

B 辅助孔和周边孔

辅助孔的作用是扩大和延伸掏槽的范围。周边孔的作用是控制井巷断面的规格形状和方向。

2.2.1.2 爆破参数计算

A 炮孔深度

炮孔深度是指炮孔底至工作面的垂直距离。炮孔深度的大小，不仅影响着每个掘进工序的工作量和完成各工序的时间，而且影响爆破效果和掘进速度。它是决定掘进循环次数的主要因素，加大孔深和增加循环次数，可以实现快速掘进。目前国内平巷孔深一般为 1.5 ~ 2.5m，个别也有超过 3m 的；当使用凿岩台车时孔深可达 4 ~ 5m。

B　炮眼数目

炮眼数目与掘进断面、岩石性质、炮眼直径、炮眼深度和炸药性能因素有关。确定炮眼数目的基本原则是在保证爆破效果的前提下，尽可能地减少炮眼数目。通常可按下式估算：

$$N = 3.3\sqrt[3]{fS^2} \qquad (2-19)$$

式中　N——炮眼数目，个；

　　　f——岩石坚固性系数；

　　　S——巷道掘进断面，m^2。

该式没有考虑炸药性能、卷药直径和炮眼深度等因素对炮眼数目的影响。

C　单位炸药消耗量

单位炸药消耗量取决于炸药性能、岩石性质、巷道断面、炮眼直径和炮眼深度等因素。

依修正的普氏公式

$$q = 1.1k_0\sqrt{\frac{f}{S}} \qquad (2-20)$$

式中　q——单位炸药消耗量，kg/m^3；

　　　f——岩石坚固性系数；

　　　S——巷道掘进断面，m^2；

　　　k_0——考虑炸药爆力的校正系数，$k_0 = 525/p$（p 为爆力，mL）。

井巷掘进的单位炸药消耗量定额如表 2 - 3 所示（所用炸药为 2 号岩石硝铵炸药）。

表 2 - 3　平巷掘进单位炸药消耗量定额　　　　　　　　　　　　kg/m^3

掘进断面面积/m^2	岩石坚固性系数 f				
	2 ~ 3	4 ~ 6	6 ~ 10	12 ~ 14	15 ~ 20
4 ~ 6	1.05	1.50	2.15	2.64	2.93
6 ~ 8	0.89	1.28	1.89	2.33	2.59
8 ~ 10	0.78	1.12	1.69	2.04	2.32
10 ~ 12	0.72	1.01	1.51	1.90	2.10
12 ~ 15	0.66	0.92	1.36	1.78	1.97
15 ~ 20	0.64	0.90	1.31	1.67	1.85

根据每一掘进循环爆破的岩石体积，按下式计算每循环所使用的总装药量

$$Q = qV = qSL\eta \tag{2-21}$$

式中　V——每循环爆破岩石体积，m^3；

　　　η——炮眼利用率，一般取 $0.8 \sim 0.95$；

其他符号意义同前。

对于地下大断面的井巷工程爆破或硐室工程爆破，可根据岩石性质、地质构造、工程量和机械设备情况等，选用全断面或分部开挖方式进行掘进爆破。如台阶分部开挖爆破和导洞分部开挖爆破等。

2.2.2 地下采矿场爆破

通过大小井巷将地下赋存的待采矿体分成的条块谓之采矿场。根据矿体赋存条件、地质构造、岩石性质和产量等因素，选择地下采矿场开采爆破方式。一般采用浅孔爆破或深孔爆破采矿。

2.2.2.1　地下采矿场浅孔爆破

地下采矿场浅孔爆破与露天浅孔爆破基本相同，只是地下采矿场爆破，主要用于留矿法、充填法、分层崩落法及某些房柱法采矿作业中，其炮孔方向采用上向炮孔或水平炮孔爆破，如图 2 – 11 所示。

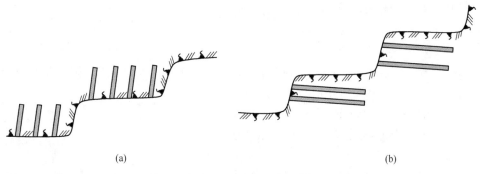

(a)　　　　　　　　　　　　　　　　(b)

图 2 – 11　地下采矿场浅孔爆破图

(a) 上向浅孔爆破；(b) 水平浅孔爆破

地下采矿场浅孔爆破参数主要是炮孔深度，最小抵抗线，炮孔间距，单位炸药消耗量和一次爆破装药量等。

2.2.2.2　地下采矿场深孔爆破

地下采矿场深孔爆破常用于阶段崩落、分段崩落、阶段矿房和深孔留矿等采矿法或矿柱回采。

A　炮孔布置

深孔布置方式有两种，平行布孔和扇形布孔。平行布孔是在同一排面内，深

孔相互平行，深孔间距在孔的全长上均相等，如图 2 - 12 所示。扇形布孔是在同一排面内，深孔排列成放射状。

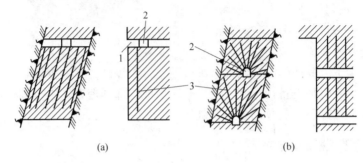

图 2 - 12　深孔布置示意图
（a）平行布孔；（b）扇形布孔
1—敞开进路；2—凿岩巷道；3—炮孔

B　爆破参数计算

炮孔深度一般为 10 ~ 15m 或 10 ~ 20m，最大不超过 25 ~ 30m。

当平行布孔时，最小抵抗线

$$W = D(0.785\rho K_e / mq)^{\frac{1}{2}} \tag{2-22}$$

式中　D——炮孔直径，m；

ρ——装药密度，kg/m^3；

K_e——深孔装药系数 0.7 ~ 0.8；

m——炮孔密集系数，对于平行深孔 $m = a/W = 0.8 ~ 1.1$，对于扇形深度，孔底 $m = 1.1 ~ 1.5$，孔口 $m = 0.4 ~ 0.7$；

其他符号意义同前。

或根据最小抵抗线与孔径的比值计算

$$W = KD \tag{2-23}$$

式中　K——系数，依岩石坚固性系数大小而定，坚硬岩石取小值，$K = 25 ~ 30$；较软岩石取大值，$K = 35 ~ 40$。

亦可根据相似矿山资料查表选取。

孔间距是排内深孔之间的距离。对于扇形深孔来说，为使炸药在矿石中分布均匀，常用孔底距和孔口距（孔口装药处的垂直距离）表示。如图 2 - 13 所示，孔底距 $a_{\text{大}}$ 是指较浅的深孔孔底至相邻深孔的垂直距离。用以控制孔底深度的密集程度，孔口距 $a_{\text{小}}$ 是指堵塞较深的深孔装药处至相邻深孔的垂直距离。孔口距用于控制孔口部分的炸药分布，以免装药过多增加爆破粉矿。

扇形炮孔的孔底距

$$a = (1.1 ~ 1.5)W \tag{2-24}$$

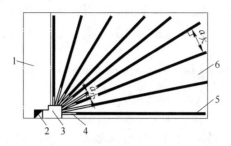

图 2 - 13　扇形深孔孔间距示意图
1—间柱；2—采区天井；3—凿岩硐室；4—炮孔未装药部分；
5—炮孔装药部分；6—矿房

地下深孔爆破单位炸药消耗量见表 2 - 4。

表 2 - 4　地下深孔爆破单位炸药消耗量

岩石坚固性系数 f	3 ~ 5	5 ~ 8	8 ~ 12	12 ~ 16	>16
一次爆破单位炸药消耗量/kg·m⁻³	0.2 ~ 0.35	0.35 ~ 0.5	0.5 ~ 0.8	0.8 ~ 1.1	1.1 ~ 1.5
二次爆破单位炸药消耗量所占比例/%	10 ~ 15	15 ~ 25	25 ~ 35	35 ~ 45	>45

2.2.3　地下煤矿爆破

2.2.3.1　地下煤矿爆破特点

地下煤矿爆破主要是井巷掘进爆破和工作面落煤爆破。其爆破工作特点是爆破作业现场通常存在有瓦斯（主要是沼气 CH_4）、煤尘等易燃易爆气体，对爆破网路、爆破器材等有严格要求。

地下煤矿根据其矿井瓦斯涌出量和涌出形式对矿井进行瓦斯等级划分，即按照平均日产煤 1t，逸出的瓦斯量和涌出形式可分为：

（1）低瓦斯矿井：瓦斯涌出量小于或等于 $10m^3/t$ 的矿井。

（2）高瓦斯矿井：瓦斯涌出量大于 $10m^3/t$ 的矿井。

（3）煤（岩）和瓦斯突出矿井。

2.2.3.2　地下煤矿对爆破作业的要求

根据地下煤矿瓦斯和煤尘含量及其爆破危险程度，对爆破作业有严格要求，爆破必须使用煤矿许用爆破器材，不同瓦斯等级的矿井应使用不同安全等级的煤矿许用爆破器材：

（1）低瓦斯矿井岩石掘进工作面，应使用安全等级不低于 1 级的煤矿许用炸药。

（2）低瓦斯矿井的煤层或半煤岩掘进工作面应使用安全等级不低于 2 级的煤矿许用炸药。

（3）高瓦斯矿井、低瓦斯矿井的高瓦斯区域，应使用安全等级不低于 3 级的煤矿许用炸药；有煤（岩）与瓦斯突出危险的工作面，应使用安全等级不低于 3 级的煤矿许用含水炸药。

（4）使用煤矿许用瞬发或煤矿许用毫秒延期电雷管，而延期时间从起爆到最后一段的延期时间不应超过 130ms。

（5）不应使用导爆管雷管或普通导爆索。

（6）煤矿用起爆器应使用防爆型起爆器，并且严禁使用多芯或多根导线制作的爆破母线。

（7）炮孔填塞材料应使用黏土或不燃性材料；无封泥或封泥不足不实的炮孔严禁爆破。

（8）爆破作业面 20m 以内瓦斯浓度应低于 1%。

2.3　控制爆破

以控制技术调控炸药能量破碎介质或制约爆破公害效应的爆破过程，叫控制爆破。几十年来，控制爆破技术已得到广泛地应用。从广义讲，所有的爆破都必须进行技术控制或公害制约，但考虑到人们的习惯，常将毫秒爆破、光面爆破、预裂爆破、拆除爆破和高温爆破等爆破技术统称为控制爆破。

2.3.1　毫秒爆破

毫秒爆破是相邻炮孔（组）以毫秒量级的时间间隔先后顺序起爆的爆破技术，亦称毫秒延期爆破。毫秒爆破的特点是在极短时间内使爆破能量分散化，能有效地降低爆破地震效应、改善爆破质量、可以扩大爆破规模、降低单位炸药消耗量。

2.3.1.1　毫秒爆破作用原理

根据最小抵抗线原理，毫秒爆破时，先起爆的炮孔 1 形成爆破漏斗，并沿漏斗周边产生裂隙使其与原岩分离，如图 2 - 14 所示。由于毫秒爆破相邻炮孔起爆的时间间隔非常短促，先起爆炮孔 1 形成的破裂漏斗尚未明显移动时，第二组炮孔 2 紧接着起爆。此时，先起爆炮孔形成的破裂漏斗侧面及其漏斗体外的爆破裂隙，对后起爆炮孔 2 来说，相当于新增加的自由面，改变了后起爆炮孔的最小抵抗线大小与爆破作用方向。同时，先后起爆炮孔抛移的岩块在运动中相互碰撞，以利其补充破碎，亦使爆堆集中。当然，先起爆炮孔药包在岩体内形成的应力场尚未消失，后起爆的炮孔药包又在岩体中形成新的应力场，使先后起爆的炮孔产生的应力波相互叠加，从而增强了应力波的作用强度，延长了应力波作用时间，有利于提高炸药能量利用率，改善爆破效果。

综上所述，由于毫秒爆破先后起爆炮孔的间隔时间短，新增自由面或抛移岩

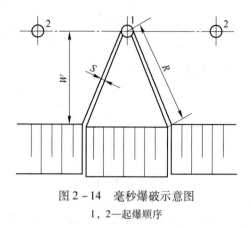

图 2-14 毫秒爆破示意图

1，2—起爆顺序

块的相互碰撞和岩体中应力场效应的作用，制约了爆破作用过程和爆破公害效应，此即毫秒爆破作用原理。

毫秒爆破技术已在各种工程爆破中广泛应用。但现在的毫秒爆破比起以前大相径庭。目前各种类型各种爆破都应用毫秒爆破技术，实质上毫秒爆破技术已成为各种类型爆破技术方法的组成部分。

2.3.1.2 毫秒爆破间隔时间计算

毫秒爆破合理间隔时间的确定是毫秒爆破的关键。根据最小抵抗线原理，爆破时，从起爆到岩石破坏及其发生位移的时间，大约是应力波传播到自由面所需时间的 5~10 倍。即岩石爆破破坏和移动时间与最小抵抗线的大小成正比，故

$$\Delta t = KW \tag{2-25}$$

式中　Δt——毫秒间隔时间，ms；

　　　K——系数，单排炮孔爆破时，$K = 3 \sim 5$，多排炮孔时，$K = 5 \sim 8$；

　　　W——最小抵抗线或底盘抵抗线，m。

一般毫秒爆破间隔时间的选取，主要参考岩石性质、炸药性质和爆破工艺参数等因素。目前我国露天爆破采用的毫秒间隔时间为 15~75ms，一般取 15~30ms。

毫秒爆破间隔时间的控制方法有多种，根据采用的起爆器材不同，可采用毫秒电雷管、毫秒导爆管雷管、导爆索与继爆管、电子雷管或电子毫秒起爆器等方法控制起爆时序。图 2-15 为逐孔起爆示意图。

另外，由于高精度电子雷管技术的应用，拓展了毫秒爆破技术的内容和应用范围。根据国内外对毫秒爆破降振技术的数值模拟研究和生产试验表明，使用高精度电子雷管（延时精度误差为 0.2ms）爆破比普通毫秒雷管爆破产生的地面振动频率分布范围更广，普通毫秒雷管爆破产生的地面振动频率分布范围小，主要

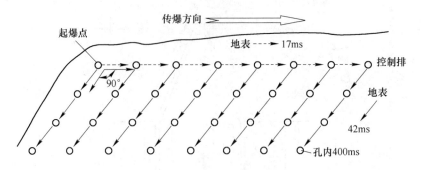

图 2 – 15　导爆管逐孔起爆网路布置示意图

分布于 0 ~ 80Hz，主振频率为 20Hz 左右；而高精度电子雷管爆破产生的地面振动频率分布范围广，主要分布在 0 ~ 120Hz，主振频率大于普通毫秒雷管爆破的主振频率，且高频部分所占比例较大。

　　实验研究中，主要是应用爆破地震波干扰或自由面形成效应机理，通过爆破模拟实验和生产爆区排间、孔间和孔内三维精确延时（4 ~ 5ms），以及预裂缝短毫秒延时（3ms）试验表明，高精度电子雷管毫秒爆破降低爆破地震的延期间隔时间 Δt 有大大缩小的趋势，国外最小延期间隔时间为 9ms，北京理工大学试验的数据是最佳延期间隔时间为 12ms 和 4ms（此时爆破振动速度峰值最小）；且降振效果比普通毫秒爆破高 50% 以上。其得出的毫秒爆破精确延期间隔时间计算公式为

$$\Delta t = 18\sqrt{2}\,\frac{r_0}{C_{\mathrm{p}}} \tag{2 – 26}$$

且

$$\frac{\alpha/2}{0.38C_{\mathrm{p}}\cos\varphi} \leqslant \Delta t \leqslant \frac{W}{0.38C_{\mathrm{p}}\sin\varphi} \tag{2 – 27}$$

式中　r_0——装药空腔半径，m；

　　　　C_{p}——岩石弹性纵波速度，m/s；

　　　　α——爆破漏斗夹角，(°)；

　　　　φ——预裂扩展方向与自由面的夹角，(°)；

　　　　W——最小抵抗线，m。

2.3.2　光面爆破和预裂爆破

　　光面爆破是沿开挖线布置密集炮孔，采取不耦合装药或装填低威力炸药，在主爆区爆破后起爆的爆破技术。光面爆破可形成平整的爆破轮廓面。

　　预裂爆破是沿开挖线布置密集炮孔，采取不耦合装药或装填低威力炸药，在主爆区爆破之前起爆的爆破技术。

2.3.2.1 光面爆破和预裂爆破特点

光面爆破和预裂爆破均是在开挖线布置密集炮孔，采取不耦合装药，控制炸药能量释放，有效控制破裂方向和破坏范围，保持开挖轮廓面平整，减小对岩石稳定性的影响；二者不同的是炮孔起爆顺序不同。光面爆破是光面孔在主爆区之后爆破，预裂爆破是预裂孔在主爆区之前起爆；光面爆破有两个自由面，预裂爆破只有一个自由面，单位炸药消耗量较大。

2.3.2.2 光面爆破和预裂爆破成缝机理

光面爆破和预裂爆破均是在炮孔连心线方向形成预裂，其成缝原理是爆炸应力波与爆轰气体膨胀压力共同作用的结果。图 2 - 16 表示光面爆破（预裂爆破）断裂缝形成情况。

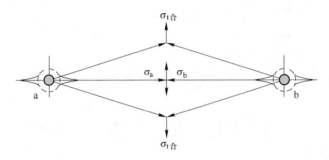

图 2 - 16　光面爆破裂缝形成原理示意图

a—炮孔 a；b—炮孔 b；σ_a，σ_b—a、b 炮孔压应力波；$\sigma_{t合}$—两炮孔形成合拉应力波

炸药爆轰产生的冲击应力波从孔壁向四周传播。由于冲击应力波远大于岩石的抗压强度，首先使孔壁岩石粉碎并形成一定范围的初始裂隙。之后，如果应力波产生叠加，由于光面（预裂）孔距离较近，在其炮孔连心线方向上应力波叠加增强，从而产生拉应力波 $\sigma_{t合}$，使裂隙沿连心线进一步扩展。这些裂隙是断裂面形成的有利导向条件。

此时，高温高压爆轰气体产物紧随应力波作用于孔壁上，由于它的作用时间比应力波作用时间长，便在炮孔周围形成准静态应力场，加之高压气体楔入裂缝尖端产生的"气刃效应"，均为裂隙扩展、贯通和形成平整的断裂缝面提供能量。因此，爆炸应力波是裂隙产生的先导，炸轰气体产物作用是形成贯通断裂缝的基本条件，起主要作用。

2.3.2.3 光面爆破参数

光面爆破参数主要包括：装药不耦合系数 K_0、炮孔间距 a、最小抵抗线 W 和单孔装药量 Q_K 等。

装药不耦合系数是炮孔直径 D 与炸药直径 d 之比，即 $K_0 = D/d = 1.1 \sim 3.0$。

最小抵抗线

$$W = KD \qquad\qquad (2-28)$$

式中 K——系数，$K = 15 \sim 25$，软岩取大值，硬岩取小值；

其他符号意义同前。

炮孔间距

$$a = mW \qquad\qquad (2-29)$$

式中 m——炮孔密集系数，一般 $m = 0.6 \sim 0.8$。

单孔装药量 Q_K

$$Q_K = q_1 l \qquad\qquad (2-30)$$

式中 Q_K——光面爆破单孔装药量，g；

q_1——光面爆破线装药密度 g/m；

l——炮孔长度，m。

2.3.2.4 预裂爆破参数

预裂爆破参数主要包括：装药不耦合系数 K_0、线装药密度 q_1、炮孔间距 a 等。

预裂爆破装药不耦合系数 K_0 一般取 $2 \sim 5$ 为宜。可根据岩石性质适当变化。

线装药密度

$$q_1 = K(\sigma_c)^{\alpha} a^{\beta} D^{\gamma} \qquad\qquad (2-31)$$

式中 q_1——预裂爆破线装药密度，kg/m；

σ_c——岩石极限抗压强度，MPa；

a——炮孔间距，m，$a = (8 \sim 12)D$；

D——炮孔直径，m；

K，α，β，γ——系数。

表 2-5 ~ 表 2-7 为我国某些工程爆破采用的光面爆破和预裂爆破单位炸药消耗量及参数。

表 2-5   各类岩石光面和预裂爆破炸药单耗表

岩石名称	岩石特征	岩石坚固性系数 f	松动爆破 $q_松 / \mathrm{g \cdot m^{-3}}$	光面爆破 $q_光 / \mathrm{g \cdot m^{-3}}$	预裂爆破 $q_预 / \mathrm{g \cdot m^{-3}}$
页岩 千枚岩	风化破碎	2 ~ 4	330 ~ 480	140 ~ 280	270 ~ 400
	完整、微风化	4 ~ 6	400 ~ 520	150 ~ 310	300 ~ 460
板岩 泥灰岩	泥质、薄层、层面张开、较破碎	3 ~ 5	370 ~ 520	150 ~ 300	300 ~ 450
	较完整、层面闭合	5 ~ 8	400 ~ 560	160 ~ 320	320 ~ 480

续表 2 – 5

岩石名称	岩石特征	岩石坚固性系数 f	松动爆破 $q_{松}/\text{g} \cdot \text{m}^{-3}$	光面爆破 $q_{光}/\text{g} \cdot \text{m}^{-3}$	预裂爆破 $q_{预}/\text{g} \cdot \text{m}^{-3}$
砂岩	泥质胶结、中薄层或风化破碎	4 ~ 6	330 ~ 480	130 ~ 270	270 ~ 400
	钙质胶结、中厚层、中细粒结构、裂隙不甚发育	7 ~ 8	430 ~ 560	160 ~ 330	330 ~ 500
	硅质胶结、石英质砂岩、厚层裂隙不发育、未风化	9 ~ 14	470 ~ 680	190 ~ 390	380 ~ 580
砾岩	胶结性差、砾石以砂岩或较不坚硬岩石为主	5 ~ 8	400 ~ 560	160 ~ 320	320 ~ 480
	胶结好、以较坚硬的岩石组成、未风化	9 ~ 12	470 ~ 640	180 ~ 370	370 ~ 550
白云岩 大理岩	节理发育、较疏松破碎、裂隙频率大于每米4条	5 ~ 8	400 ~ 560	160 ~ 320	320 ~ 480
	完整、坚硬的	9 ~ 12	500 ~ 640	190 ~ 380	380 ~ 570
石灰岩	中薄层或含泥质的、竹叶状结构的及裂隙较发育的	6 ~ 8	430 ~ 560	160 ~ 330	330 ~ 500
	厚层、完整或含硅质、致密的	9 ~ 15	470 ~ 680	190 ~ 380	380 ~ 580
花岗岩	风化严重、节理裂隙很发育、多组节理交割、裂隙频率大于每米5条	4 ~ 6	370 ~ 520	150 ~ 300	300 ~ 450
	风化较轻节理不甚发育或未风化的伟晶、粗晶结构	7 ~ 12	430 ~ 640	180 ~ 360	360 ~ 540
	细晶均质结构、未风化、完整致密的	12 ~ 20	530 ~ 720	210 ~ 420	420 ~ 630
流纹岩 粗面岩 蛇纹岩	较破碎的	6 ~ 8	400 ~ 560	160 ~ 320	320 ~ 480
	完整的	9 ~ 12	500 ~ 680	200 ~ 400	400 ~ 590
片麻岩	片理或节理发育的	5 ~ 8	400 ~ 560	160 ~ 320	320 ~ 480
	完整坚硬的	9 ~ 14	500 ~ 680	200 ~ 400	400 ~ 590
正长岩 闪长岩	较风化、整体性较差的	8 ~ 12	430 ~ 600	170 ~ 340	340 ~ 520
	未风化、完整致密的	12 ~ 18	530 ~ 700	200 ~ 410	410 ~ 620
石英岩	风化破碎、裂隙频率大于每米5条	5 ~ 7	370 ~ 520	150 ~ 300	300 ~ 450
	中等坚硬、较完整的	8 ~ 14	470 ~ 640	190 ~ 370	370 ~ 560
	很坚硬完整、致密的	14 ~ 20	570 ~ 800	230 ~ 460	460 ~ 690
安山岩 玄武岩	受节理裂隙切割的	7 ~ 12	430 ~ 600	170 ~ 340	340 ~ 520
	完整坚硬致密的	12 ~ 20	530 ~ 800	220 ~ 440	440 ~ 650
辉长岩 辉绿岩 橄榄岩	受节理切割的	8 ~ 14	470 ~ 680	190 ~ 380	380 ~ 520
	很完整、很坚硬致密的	14 ~ 25	600 ~ 840	240 ~ 480	480 ~ 720

表 2 - 6　我国部分露天金属矿山预裂爆破参数表

矿山名称	地质条件	普氏坚固性系数 f	孔深 l/m	孔径 D/m	孔距 a/m	全孔装药量/kg	填塞长度 l_2/m	平均线装药密度 $q_{预}$/kg·m^{-1}	炸药品种
南山铁矿	闪长玢岩	8~12	17	150	1.5~1.8	22.1	3.0	1.3	铵油炸药
	安山岩	6~8	13.5~14.5	140	2~2.5	12~13	1.5	1	岩石乳化炸药
眼前山铁矿	混合岩	8~10		250	2.5			2.8	铵油炸药
南芬铁矿	混合岩	8~10	12~12.5	310	3.5	92~96	3.5~4	8.0	岩石乳化炸药
			12~12.5	250	2.5~2.7	72~75	2.5~3	6.0	
			13.5	140	1.3~1.5	16.2~16.8	1.5~2	1.2	
			12~12.5	125	1.3~1.3	12.5~13	1.5	1.0	
	角闪岩	10~14	12~12.5	250	2.7	72~75	2.5~3	6.0	
			17	140	1.3~1.5	20.4~21	1.5~2	1.0	
			13.5	125	1.1~1.3	14	1.5	1.0	
歪头山铁矿	阳起石	14~16	13	250	3~3.3	48~51	3~5	6	岩石乳化炸药
	混合光岗岩	16	13	250	3~3.3	48~51	3~5	6	
	角闪岩	16~18	13	250	3~3.3	48~51	3~5	6	
齐大山铁矿	千枚岩	10	15	250	3.5~4	90	6	5.5	铵油炸药或乳化炸药
	混合岩	10~14	22	168	1.3	28	3.5	1.1	岩石乳化炸药
朱家堡铁矿	辉长岩	14~16	18	200	1.5	14~20	2	2	岩石乳化炸药
兰尖铁矿	辉长岩	14~16	18	160	1	21~22.2	1.5	1.2	岩石乳化炸药

2.3.3　拆除爆破

拆除爆破是利用控制技术拆除废弃建（构）筑物的爆破。由于拆除爆破的高效、经济和安全可控性，拆除爆破技术受到人们的普遍关注。近年来，拆除爆破技术发展迅速，已在城镇交通、建设等部门广泛应用。

拆除爆破的特点是待拆爆物体的结构、形体性质复杂多变；爆破环境条件复杂，人流、交通繁忙，建（构）筑物设施密集；爆破拆除范围及倾覆状态质量要求严格。因此，拆除爆破作业必须安全性高，必须有效控制爆破作用和爆破有害效应，确保爆破作业安全。为了保证拆除爆破高效、优质、安全、环保，需要熟悉掌握拆除爆破的原理和技术方法。

2.3.3.1　拆除爆破设计原理与方法

拆除爆破种类繁多，按拆除爆破对象的形体特征可分为建筑物拆除爆破、高

表2-7 我国某些工程采用的预裂爆破参数表

工程名称	地质条件	孔深 l/m	孔径 d/mm	孔距 a/cm	全孔装药量 Q_K/kg	填塞长度 l_1/m	顶部减弱装药 长度/m	顶部减弱装药 装药量/g	中部正常装药 长度/m	中部正常装药 装药量/g	底部加强装药 长度/m	底部加强装药 装药量/g	全孔平均线装药密度 $q_预$/g·m^{-1}	中部正常线装药密度/g·m^{-1}	炸药品种	爆破效果
船坞工程	花岗岩	7	50	60	2.52	2.0							360			预裂面平整，孔痕清晰完整
南山矿	闪长玢岩 $f=8\sim12$	17	150	130~150	17.0	2.0							1000	1133	铵油炸药	预裂面平整，孔痕清晰完整
南山矿	闪长玢岩 $f=8\sim12$	17	150	150~180	22.1	3.0							1300	1578	铵油炸药	预裂面基本平整，留有少量孔痕
南山矿	闪长玢岩 $f=4\sim8$	17	150	180~250	23.8	4.0							1400		铵油炸药	半孔率87.5%，超欠挖小于8.73cm
东江水电站	花岗岩	9.4	110	100	7.2	1.0			7.8	5850	0.6	1350	766	750	2号岩石硝铵	效果好，壁面完整
东江水电站	花岗岩	3	40	35	1.05	0.75			2.25	1050			350	466	2号岩石硝铵	预裂缝张开2.04cm，半孔率90%
龙羊峡水电站	新鲜花岗闪长岩	8	75	90	4.8	1	1	300	5	3000	1	1500	600	600	2号岩石硝铵	不平整度小于10cm
格拉都水电站	中粗粒花岗岩	8	80	70	2	1.5	0.5	100	5.5	1400	0.5	500	250	255	胶质炸药	半孔率98.5%
沙溪口水电站	石英、云母片岩	14.4	91	80	3.375	1.4	4.5	750	7.5	1875	1	750	234	250	耐冻胶质炸药	效果良好
葛洲坝水电站	黏土质粉砂岩	26	91	100	5.668	1.5	2	268	22	4400	0.5	1000	218	200	耐冻胶质炸药	效果良好
葛洲坝水电站	黏土质粉砂岩	18	65	80	5.025	1.2	1.65	225	15.8	3900	0.55	900	279	247	2号岩石硝铵	
官厅水库	石灰岩	5	100	75	1.42	1.5	1	224	1.5	563	1	633	284	375	2号岩石硝铵	地表及孔内预裂缝宽0.5~1.0cm，预裂面全整光滑
贵新高速	石灰岩	19	100	100	8.6	1.5	4.5	900	8	3200	4	4500	453	400	2号岩石硝铵	预裂面平整光滑，半孔率96%以上
焦雾高速	石灰岩	20	100	120	9	2	5	1000	9	3600	4	4400	450	400	2号岩石硝铵	多台阶预裂加强爆破，预裂面平整，效果好，半孔率90%

注：光面爆破和预裂爆破的炮孔深度与超深，可根据工程要求和岩石性质计算决定。

筐构筑物拆除爆破、基础拆除爆破、桥梁拆除爆破和围堰拆除爆破等五类；按拆除爆破对象的结构特征可分为砖混结构拆除爆破、钢筋混凝土框架结构拆除爆破、钢筋混凝土框-剪结构拆除爆破、钢筋混凝土剪力墙结构拆除爆破、钢筋混凝土大板结构拆除爆破和钢结构拆除爆破等。

拆除爆破破坏机理与岩石爆破破坏过程基本相同。只是进行拆除爆破设计时应根据待拆除物体的形态、高度、结构特征、拆除要求和环境条件等，选用最小抵抗线原理或失稳原理或剪切原理与能量平衡准则进行拆除爆破设计。

能量平衡准则是炸药爆炸释能等于爆破介质破碎所需的最低能量。介质在爆破载荷作用下的变形与破坏，实质上是一个吸收能量至释放能量的转换过程。当介质吸收的爆破能量大于其单位应变能和重力势能时，介质则破裂破碎。试验研究表明，爆破时每种固体介质的单位破碎能是个常量。因此，为了有效地破碎爆破介质和提高炸药能量利用率，在拆除爆破设计时，应使炸药爆炸能量与破碎爆破介质所需的能量相等，使其只产生一定宽度的裂缝或原地松动破碎，而应无多余的能量以防产生爆破公害。实际上由于爆破介质的不均匀性和各向异性，目前一般应用近似能量平衡准则，即松动爆破原理进行拆除爆破设计。

拆除爆破的设计方法是应用工程类比法进行拆除爆破方案设计和安全控制技术设计。通常根据爆破物体特征和环境条件，应用分能原则，将炸药合理均匀地布置于爆破介质中，形成空间立体交错、多点分散装药的布药方式，严格控制一次允许起爆的最大药包能量和总体爆破规模，防止能量集中，以期获得优质、安全的爆破效果。

2.3.3.2　基础拆除爆破

建（构）筑物和设施的基础、墩台、码头船坞、桩基和地坪等大型块体的爆破解体和切割，一般采用浅孔拆除爆破。根据基础材质性能、临空面状况和环境条件，以最小抵抗线原理，进行松动控制爆破方案选择、参数计算和控制技术设计。

A　最小抵抗线

最小抵抗线

$$W = (8 \sim 15)D \qquad\qquad (2-32)$$

一般 $W < 1.0\text{m}$。素混凝土 $W = 0.40 \sim 0.60\text{m}$；钢筋混凝土 $W = 0.30 \sim 0.50\text{m}$；浆砌块石 $W = 0.50 \sim 0.75\text{m}$。

B　炮孔间距和排距

炮孔间距

$$a = mW \qquad\qquad (2-33)$$

式中　m——炮孔密集系数，浆砌块石 $m = 1.2 \sim 1.5$；砖结构 $m = 1.4 \sim 1.8$；混凝土 $m = 1.0 \sim 1.3$；钢筋混凝土 $m = 0.7 \sim 1.0$。

亦可 $a = (8 \sim 12)D$ 选取。

炮孔排距

$$b = (0.9 \sim 1.0)a \qquad\qquad (2-34)$$

C 炮孔深度

垂直炮孔深度

$$l = (0.7 \sim 0.9)H \qquad (2-35)$$

式中 H——爆破基础高（厚）度，m。对于小而薄的基础或墙壁，$l = (1.1 \sim 1.2)W$；特别高（厚）基础应分层钻孔爆破，其分层高（厚）度以 2.0m 为宜。

D 单孔装药量

单孔装药量 Q_K 一般按体积公式计算，其单位炸药消耗量 q 见表 2-8 和表 2-9。

表 2-8 单位炸药消耗量 q 及平均单位炸药消耗量 $\dfrac{\sum Q_i}{V}$

爆破对象		W/cm	$q/g \cdot m^{-3}$			$\dfrac{\sum Q_i}{V}\Big/ g \cdot m^{-3}$
			一个临空面	二个临空面	三个临空面	
混凝土圬工强度较低		35~50	150~180	120~150	100~120	90~110
混凝土圬工强度较高		35~50	180~220	150~180	120~150	110~140
混凝土桥墩及桥台		40~60	250~300	200~250	150~200	150~200
混凝土公路路面		45~50	300~360			220~280
钢筋混凝土桥墩台帽		35~40	440~500	360~440	280~360	
钢筋混凝土铁路桥板梁		30~40		480~550	400~480	400~480
浆砌片石或料石		50~70	400~500	300~400		240~300
钻孔桩的桩头	$\phi 1.00m$	50			250~280	80~100
	$\phi 0.80m$	40			300~340	100~120
	$\phi 0.60m$	30			530~580	160~180
浆砌砖墙 $b = (0.8 \sim 0.9)a$	厚约37cm（$a = 1.5W$）	18.5	1200~1400	1000~1200		850~1000
	厚约50cm（$a = 1.5W$）	25	950~1100	800~950		700~800
	厚约63cm（$a = 1.2W$）	31.5	700~800	600~700		500~600
	厚约75cm（$a = 1.2W$）	37.5	500~600	400~500		330~430
混凝土二次破碎爆破	$\Delta V = 0.16 \sim 0.15 m^3$				180~250	130~180
	$\Delta V = 0.16 \sim 0.15 m^3$				120~150	80~100
	$\Delta V = >0.4 m^3$				80~100	50~70

表 2-9 钢筋混凝土梁柱爆破单位炸药消耗量 q 及平均单位体积炸药消耗量 $\dfrac{\sum Q_i}{V}$

W/cm	$q/g \cdot m^{-3}$	$\dfrac{\sum Q_i}{V}$ $/g \cdot m^{-3}$	布筋情况	爆破效果
10	1150~1300	1100~1250	正常布筋单箍筋	混凝土破碎、疏松、与钢筋分离，部分碎块逸出钢筋笼
	1400~1500	1350~1450		混凝土破碎、疏松、脱离钢筋笼，箍筋拉断，主筋膨胀

W/cm	$q/\text{g} \cdot \text{m}^{-3}$	$\dfrac{\sum Q_i}{V}$ $/\text{g} \cdot \text{m}^{-3}$	布筋情况	爆 破 效 果
15	500 ~ 560	480 ~ 540	正常布筋单箍筋	混凝土破碎、疏松、与钢筋分离，部分碎块逸出钢筋笼
	650 ~ 740	600 ~ 680		混凝土破碎、疏松、脱离钢筋笼，箍筋拉断，主筋膨胀
20	380 ~ 420	360 ~ 400	正常布筋单箍筋	混凝土破碎、疏松、与钢筋分离，部分碎块逸出钢筋笼
	420 ~ 460	400 ~ 440		混凝土破碎、疏松、脱离钢筋笼，箍筋拉断，主筋膨胀
30	300 ~ 340	280 ~ 320	正常布筋单箍筋	混凝土破碎、疏松、与钢筋分离，部分碎块逸出钢筋笼
	350 ~ 380	330 ~ 360		混凝土破碎、疏松、脱离钢筋笼，箍筋拉断，主筋膨胀
	380 ~ 400	360 ~ 380	布筋较密双箍筋	混凝土破碎、疏松、与钢筋分离，部分碎块逸出钢筋笼
	460 ~ 480	440 ~ 460		混凝土破碎、疏松、脱离钢筋笼，箍筋拉断，主筋膨胀
40	260 ~ 280	240 ~ 260	正常布筋单箍筋	混凝土破碎、疏松、与钢筋分离，部分碎块逸出钢筋笼
	290 ~ 320	270 ~ 300		混凝土破碎、疏松、脱离钢筋笼，箍筋拉断，主筋膨胀
	350 ~ 370	330 ~ 350	布筋较密双箍筋	混凝土破碎、疏松、与钢筋分离，部分碎块逸出钢筋笼
	420 ~ 440	400 ~ 420		混凝土破碎、疏松、脱离钢筋笼，箍筋拉断，主筋膨胀
50	220 ~ 240	200 ~ 220	正常布筋单箍筋	混凝土破碎、疏松、与钢筋分离，部分碎块逸出钢筋笼
	250 ~ 280	230 ~ 260		混凝土破碎、疏松、脱离钢筋笼，箍筋拉断，主筋膨胀
	320 ~ 340	300 ~ 320	布筋较密双箍筋	混凝土破碎、疏松、与钢筋分离，部分碎块逸出钢筋笼
	380 ~ 400	360 ~ 380		混凝土破碎、疏松、脱离钢筋笼，箍筋拉断，主筋膨胀

2.3.3.3　建（构）筑物拆除爆破

建（构）筑物拆除爆破主要是指废弃的楼房、厂房及烟囱、水塔等建（构）筑物爆破拆除。按其材质和结构类型，可分为砖混结构、预制板结构、钢筋混凝土框架结构和钢结构拆除爆破等。

建（构）筑物拆除爆破一般采用失稳原理进行设计计算，即根据建（构）筑物的结构受力状态和载荷分布，破坏其关键承重部位的结构和刚度，使之失去承载平衡能力，在重心力矩作用下失稳而坍塌倾倒。按照建（构）筑物形态、结构类型、环境条件和爆破要求，建（构）筑物拆除爆破倾倒方案有定向倾倒、原地坍塌、内向倾倒和折叠倒塌四种，如图 2 - 17 所示。

2.3.3.4　建（构）筑物拆除爆破参数计算

建（构）筑物拆除爆破通常采取浅孔控制爆破和机械或人工预处理施工相结合。

（1）最小抵抗线

$$W = 1/2B \qquad\qquad (2 - 36)$$

式中　B——梁柱或墙体宽度（厚度），mm。

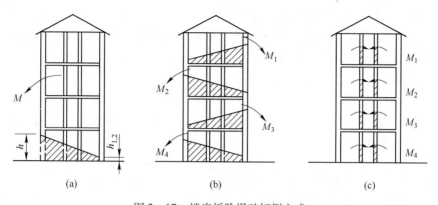

图 2 - 17　楼房拆除爆破倾倒方式

（a）定向倾倒；（b）双向折叠倾倒；（c）内向倾倒

（2）炮孔间距

$$a = K_cW \qquad\qquad (2-37)$$

式中　K_c——拆除爆破孔距系数，浆砌砖墙 $K_c = 1.2 \sim 2.0$，混凝土圬工 $K_c = 1.0 \sim 1.3$，钢筋混凝土结构 $K_c = 1.2 \sim 2.0$，混凝土地坪切割 $K_c = 2.0 \sim 2.5$。

（3）炮孔排距

$$b = (0.6 \sim 0.9)a \qquad\qquad (2-38)$$

（4）炮孔深度

$$l = 2/3B \qquad\qquad (2-39)$$

（5）爆破缺口参数。爆破缺口是根据失稳原理计算的承重梁柱或墙体的爆破破坏范围。其参数主要是爆破缺口高度 h，爆破缺口长度或角度等。

$$h_{砖} = (1.5 \sim 5.0)\delta \qquad\qquad (2-40)$$

式中　δ——承重墙厚度，m。

钢筋混凝土框架结构承重立柱爆破高度

$$h_{框} = K(B + h_{min}) \qquad\qquad (2-41)$$

式中　K——系数，$K = 1.5 \sim 2.0$；

　　　B——柱截面边长，矩形截面取长边，m；

　　　h_{min}——立柱失稳最小破坏高度，$h_{min} = (30 \sim 50)d$（d 为钢筋直径，cm），亦可用欧拉公式验算。

铰支柱爆高

$$h_j = (1.0 \sim 1.2)B$$

对于复杂的钢筋混凝土框架结构，应根据建（构）筑物构件破坏极限强度理论进行必要的力学平衡条件和弯矩分析计算。

2.3.3.5　烟囱拆除爆破参数计算

烟囱拆除爆破参数计算主要是其爆破缺口的参数计算。爆破缺口形态一般有长方形或梯形，其爆破缺口长度

$$l = \frac{2}{3}\pi D \qquad\qquad (2-42)$$

式中　D——烟囱直径，m。

爆破缺口高度

$$h = (3.0 \sim 5.0)\delta \qquad\qquad (2-43)$$

式中　δ——缺口处烟囱壁厚，mm。

爆破缺口所对应的圆心角一般是 $\alpha = 200° \sim 240°$。其值越大，烟囱爆破倾覆过程愈快，其倾倒过程控制难度增大，亦而产生后座。为保证烟囱在拆除爆破倾覆动力过程中倒塌方位的准确性和可靠性，在进行科学爆破设计的同时，常于爆破缺口两端或前面倾倒中心线上预开定向窗和倒向窗。烟囱爆破缺口起爆网路如图 2-18 及图2-19 所示。

2.3.3.6　水压爆破

水压爆破是利用容器状构筑物内的水介质传递炸药爆轰能量使其破碎的爆破技术。即将容器状构筑物内注满水，起爆悬挂于水中一定位置的药包，利用水介质传递爆炸压力，达到破碎构筑物的目的。水压爆破主要用于能够充水的油（气）罐、水池（槽）、料斗、碉堡、水塔等薄壁构筑物的拆除爆破。

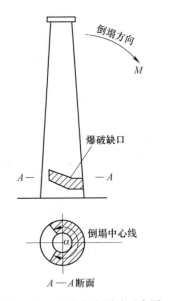

图 2-18　烟囱定向爆破示意图
α—爆破缺口圆心角；M—倾覆力矩

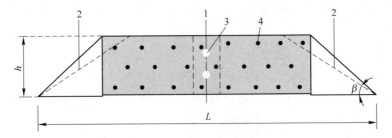

图 2-19　烟囱爆破缺口示意图
1—倾倒中心线；2—定向窗；3—倒向窗；4—炮孔；
β—定向窗底角；h—爆破缺口高度；L—爆破缺口长度

水压爆破设计的重点是合理布设药包位置、药包重量、数量及其入水深度。同时应注意施工中药包防水及防（堵）漏水或冲（泄）水现象。

A 药包位置

对于壁厚相等，材质相同的方形、圆形和筒形结构构筑物，一般可在其横断面的几何中心布置一个药包。如若直径大于高度，可对称布置多个药包。对于长宽比或高宽比大于 1.2 倍的构筑物，可布置两个以上的药包，以使构筑物四壁受到均匀的破碎作用。

一般按下式计算药包间距

$$a \leqslant (1.3 \sim 1.4)R \qquad (2-44)$$

式中　a——药包间距，m；

　　　R——药包中心至容器内壁的最短距离，m。

当构筑物的高度与直径（或短边长度）之比大于 1.4 ~ 1.6 时，可沿垂直方向布置两层或多层药包。若同一构筑物的壁厚不等或材质强度不同时，应布置偏炸药包，使药包偏于厚壁或强度大的一侧，这样可使其四壁受力破坏均匀。容器中心至偏炸药包中心的距离称为偏炸距离。非对称构筑物药包布置如图 2-20 所示。偏炸距离 x 可按下式计算：

$$x = \frac{R(\delta_1^{1.43} - \delta_2^{1.43})}{\delta_1^{1.43} + \delta_2^{1.43}} \approx \frac{R(\delta_1 - \delta_2)}{\delta_1 + \delta_2} \qquad (2-45)$$

式中　x——偏移距离，m；

　　　R——容器中心至侧壁的距离；m；

　　δ_1，δ_2——容器两侧的壁厚，m，$\delta_1 > \delta_2$。

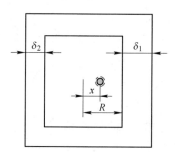

图 2-20　非对称构筑物药包布置示意图

如果构筑物内设有立柱等非均质结构时，应在这些部位钻孔或用裸露药包，与水压爆破的主体药包同时起爆。

B 药包入水深度

一般要求注水应注满或不低于构筑物容器净高度的 90%。

药包入水深度一般在水面以下相当于水深的 2/3 处，容器不能充满水时，应保证水深不小于 R（容器中心至容器壁的距离），并相应降低药包在水中的位置，直至放置于容器底部。

通常药包入水深度

$$h = (0.6 \sim 0.7)H \tag{2-46}$$

式中　H——注水深度，m。

其最小入水深度

$$\sqrt[3]{Q} \leqslant h_{\min} \geqslant (0.35 \sim 0.5)B \tag{2-47}$$

式中　Q——药包质量，kg；

B——构筑物容器直径或内短边长度，m，当计算值 $h_{\min} < 0.4$m 时，取 $h_{\min} = 0.4$m。

C　装药量计算

装药量计算公式很多，下面仅介绍两个经验公式：

$$Q = K_{\mathrm{b}}K_{c}\delta B^{2} \tag{2-48}$$

式中　Q——总装药量，kg；

δ——构筑物壁厚，m；

B——构筑物内直径或短边长度，m；

K_{b}——与拆除爆破方式和结构特征的有关系数，封闭式爆破 $K_{\mathrm{b}} = 0.7 \sim 1.0$，开口式爆破 $K_{\mathrm{b}} = 0.9 \sim 1.2$；

K_{c}——材质系数，混凝土 $K_{c} = 0.1 \sim 0.4$，钢筋混凝土 $K_{c} = 0.5 \sim 1.0$。

该式适用的条件是使用 2 号岩石硝铵炸药，$\delta < B/2$，$B \geqslant 1.0$m。如果结构物为矩形，可按长宽比乘以 $0.85 \sim 1.0$ 的结构调整系数。

$$Q = K_{c}K_{e}S \tag{2-49}$$

式中　Q——总的装药量，kg；

K_{e}——材质系数，混凝土 $K_{c} = 0.2 \sim 0.25$，钢筋混凝土 $K_{c} = 0.30 \sim 0.35$，砖石砌体 $K_{c} = 0.18 \sim 0.24$；

K_{e}——炸药换算系数，黑梯炸药 $K_{e} = 1.0$，2 号岩石硝铵炸药 $K_{e} = 1.10$，铵油炸药 $K_{e} = 1.15$；

S——通过药包中心至周壁的水平截面积，m²。

2.3.3.7　拆除爆破安全设计

安全关系生命，安全关系财富，安全是一项系统工程。纵观拆除爆破生产施工全过程，要实现爆破生产本质安全，首先要树立科学地爆破设计思想，保证爆破设计科学正确，参数计算选择合理，控制技术准确、有效，安全管理机制制度和责任落实，也只有如此，才能保证拆除爆破质量和效果的可靠性和安全性。

对于拆除爆破安全设计来讲，由于待爆建（构）筑物形体结构和环境复杂，其设计重点是选择正确的爆破施工技术方法与周围生态环境保护的控制技术。

纵观国内外拆除爆破设计施工和爆破安全事故案例，拆除爆破安全设计的内容主要是控制爆破效果和控制爆破产生的地震、空气冲击波、个别飞石、噪声、粉尘、有毒气体与心理影响，即正确选择拆除爆破的安全控制技术。就控制技术来讲，一是主动控制炸药爆轰能量的作用过程与方向，提高炸药能量利用率，从源头控制减少爆破公害的产生。如采用先进的数字爆破或智能爆破技术，正确选择一次允许最大起爆药量和爆破规模；采用毫秒爆破技术和适宜的起爆方式；探索新的爆破技术、装药结构和炮孔填塞方法等。二是被动地控制爆破中多余能量形成的爆破公害效应，视其状态趋势可采用疏导、隔离、阻断或吸附等控制技术措施，以减弱或消除已产生爆破公害效应的影响程度，保证周围建（构）筑物、设备与人员安全。如设置减震沟（孔）、缓冲垫层、防护（阻波）屏障、泡沫吸附和洒水、柔性覆盖防护等。详细内容可参考本书有关章节。

2.3.3.8 沟槽爆破

沟槽爆破是在岩土介质中开挖槽形沟的爆破。沟槽爆破多用于市政建设工程的箱涵、管线槽腔土石方开挖爆破，其特点是爆破岩石地形地质结构或岩石性质变化大；爆破只有一个向上的自由面，爆破作用夹制力大，炸药单耗高，易产生爆破飞石、振动、空气冲击波、噪声或粉尘等危害；而且爆区周围环境复杂。因此，沟槽爆破质量和安全性要求高，必须科学认真地进行爆破方案设计，正确计算选择爆破参数和施工顺序，注意爆破技术方法优化，充分利用或开创爆破自由面。

A 沟槽爆破开挖方式

一般沟槽爆破的沟槽截面形状有矩形、梯形、复合形三种，如图 2 - 21 所示。

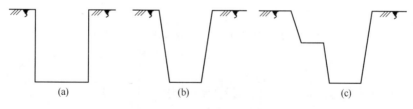

图 2 - 21 沟槽截面形状示意图
(a) 矩形槽；(b) 梯形槽；(c) 复合形槽

沟槽爆破通常采用浅孔爆破法，其爆破方式基本上可分为浅孔台阶爆破法和一次成型爆破法。对于宽度、深度较大的沟槽，可采用分层浅孔爆破或中深孔一次成型爆破法，如图 2 - 22 ~ 图 2 - 24 所示。

沟槽爆破施工应根据爆区条件和爆破要求，通常由沟槽的一端或两端或中间开始凿岩爆破，以便充分利用或开创自由面，减弱爆破夹制作用，获得较好的爆破效果和控制对沟壁或生态环境的影响。

这里需要注意的是，无论采用何种爆破开挖形式，根据掏槽爆破原理，必须

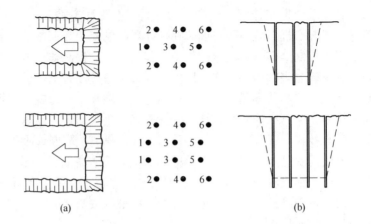

图 2 - 22 沟槽爆破布孔及起爆顺序示意图

(图中数字表示起爆顺序)

(a) 平面图；(b) 剖面图

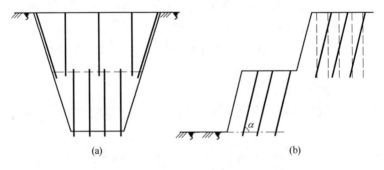

图 2 - 23 沟槽分层台阶爆破布孔示意图

(a) 横断面图；(b) 纵断面图

正确设计，规范施工沟槽爆破的切割槽（掏槽）开挖顺序。

B 沟槽爆破参数选择

沟槽爆破一般采用 $\phi 38 \sim 42mm$ 或 $\phi 30 \sim 33mm$ 的钎头直径，以垂直炮孔或倾斜炮孔进行爆破，其爆破参数与开挖沟槽几何尺寸和岩性有关。

炮孔深度

$$L = H + \Delta h \qquad (2 - 50)$$

式中 H——沟槽深度，m；

Δh——超深，依据岩性与沟槽尺寸，一般 Δh 取 0.3 ~ 0.6m。

最小抵抗线

$$W = 0.5 \sim 1.0m \qquad (2 - 51)$$

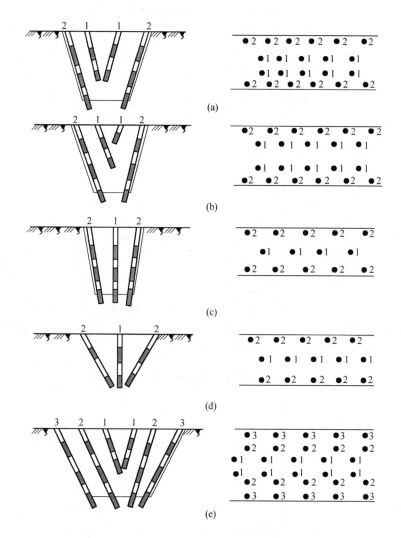

图 2-24 一次成型沟槽爆破布孔示意图

(图中数字表示起爆顺序)

(a) 一般沟槽爆破；(b), (c) 适合于较狭窄的沟槽爆破；

(d) 适合于 V 形或底宽小、上口宽的沟槽爆破；(e) 适合于较宽的沟槽爆破

炸药单位消耗量

$$q = 0.75 \sim 1.0 \text{kg/m}^3 \qquad (2-52)$$

根据工程爆破实践，各种沟槽爆破参数如表 2-10 ~ 表 2-14 所示。

当沟底宽 2.0m，一排布置 4 个炮孔，孔径为 30 ~ 33mm，孔斜 3:1 时，不同槽深的爆破参数如表 2-10 所示。

表 2-10 一般沟槽爆破参数表

沟槽深 H/m		1.0	1.5	2.0	2.5	3.0	3.5	4.0
炮孔深 L/m		1.6	2.1	2.6	3.1	3.7	4.2	4.7
抵抗线 W/m		0.9	1.0	1.0	1.0	0.9	0.9	0.9
底部装药	线装药密度/kg·m⁻¹	0.9	0.9	0.9	0.9	0.8	0.8	0.7
	高度/m	0.3	0.5	0.5	0.6	0.8	0.9	0.9
	药量/kg	0.3	0.5	0.5	0.6	0.6	0.7	0.6
上部装药	线装药密度/kg·m⁻¹	0.3	0.3	0.3	0.3	0.3	0.3	0.3
	高度/m	0.4	0.6	1.1	1.6	2.0	2.4	2.9
	药量/kg	0.1	0.2	0.3	0.5	0.6	0.7	0.9
单孔药量/kg		0.4	0.7	0.8	1.1	1.2	1.4	1.5
填塞高/m		0.9	1.0	1.0	0.9	0.9	0.9	0.9
炸药平均单耗/kg·m⁻³		0.9	0.8	0.8	0.8	0.9	0.9	0.9

当环境要求不很严格，允许有一定的抛撒和振动时，可以选用较大的孔径，同时适当加大最小抵抗线和孔距间，以提高开挖速度。当炮孔直径为 50mm，孔斜为 3∶1 时，可参照表 2-11 进行爆破设计。

表 2-11 直径为 50mm 炮孔的爆破参数表

序号	沟槽深度/m	炮孔深度/m	抵抗线/m		每个炮孔底部装药量/kg		每个炮孔上部装药量（装药集中度约为 0.40kg/m）/kg·孔⁻¹
			最大	一般	底宽 1.0m 横向布 3 孔	底宽 1.5~2.0m 横向布 3 孔	
1	0.6	0.9	0.6	0.6	0.15	0.20	
2	1.0	1.4	0.8	0.8	0.20	0.25	0.20
3	1.5	2.0	1.4	1.1	0.30	0.40	0.35
4	2.0	2.5	1.4	1.1	0.40	0.55	0.50
5	2.5	3.1	1.4	1.1	0.50	0.65	0.75
6	3.0	3.6	1.4	1.1	0.60	0.75	0.90
7	3.5	4.1	1.4	1.1	0.75	0.95	1.10
8	4.0	4.6	1.4	1.1	0.90	1.15	1.30

对于中硬岩石，当沟底宽 0.8~1.0m，一排布置 3 个炮孔，孔斜为 3∶1，或沟底宽 1.0~2m，一排布置 3 个炮孔，孔径为 30~33mm，孔斜为 3∶1 时，不同槽深的爆破参数如表 2-12 和表 2-13 所示。

表 2 – 12　瑞典管道沟槽控制爆破参数表

实际抵抗线 W/m	沟槽深/m					上部装药	
	1.0	1.5	2.0	2.5	3.0	装药集中度 /kg·m^{-1}	炸药种类
	每个炮孔底部装药量/kg						
0.40	0.05	0.10	0.15	0.20	0.25	0.07	11mm 古利特
0.50	0.08	0.13	0.18	0.23	0.28	0.12	11mm 古利特 + 狄纳米特
0.60	0.10	0.15	0.20	0.25	0.30	0.16	17mm 古利特
0.70	0.12	0.17	0.23	0.28	0.35	0.20	17mm 古利特 + 狄纳米特
0.80	0.13	0.20	0.27	0.32	0.40	0.25	17mm 古利特 + 狄纳米特
理论单耗/kg·m^{-3}	0.80	0.90	1.00	1.10	1.20		

表 2 – 13　瑞典管道沟槽钻爆参数表

序号	沟槽深度/m	炮孔深度/m	抵抗线/m		每个炮孔底部装药量/kg		上部装药量（装药集中度约为 0.25kg/m）/kg·孔$^{-1}$
			最大	一般	底宽 0.8~1.0m 横向布 3 孔	底宽 1.5~2.0m 横向布 4 孔	
1	0.4	0.6	0.4	0.40	0.05	0.05	
2	0.6	0.9	0.6	0.60	0.10	0.10	
3	0.8	1.1	0.7	0.70	0.15	0.15	
4	1.0	1.4	0.8	0.80	0.15	0.20	0.10
5	1.2	1.6	0.9	0.80	0.15	0.25	0.20
6	1.5	1.9	0.9	0.80	0.20	0.30	0.25
7	2.0	2.4	0.9	0.75	0.25	0.35	0.40
8	2.5	3.0	0.9	0.75	0.30	0.45	0.45
9	3.0	3.5	0.9	0.75	0.40	0.55	0.60
10	3.5	4.0	0.9	0.70	0.50	0.65	0.70
11	4.0	4.5	0.9	0.70	0.60	0.90	0.80

当沟槽底宽 1.5~2.0m，每排布置 3~4 个炮孔，孔径 30~33mm，孔斜 3:1时，不同槽深和不同最小抵抗线（安全要求严时选小的最小抵抗线）时的爆破参数如表 2 – 14 所示。

表 2 – 14　沟槽宽 1.5~2.0m 时控制爆破参数表

实际抵抗线 W/m	沟槽深/m					上部装药	
	1.0	1.5	2.0	2.5	3.0	装药集中度 /kg·m^{-1}	炸药种类
	每个炮孔底部装药量/kg						
0.40	0.08	0.13	0.18	0.23	0.30	0.07	11mm 古利特
0.50	0.11	0.16	0.21	0.27	0.35	0.12	11mm 古利特 + 狄纳米特

续表 2 – 14

实际抵抗线 W/m	沟槽深/m					上部装药	
	1.0	1.5	2.0	2.5	3.0	装药集中度 /kg·m⁻¹	炸药种类
	每个炮孔底部装药量/kg						
0.60	0.15	0.19	0.24	0.31	0.40	0.16	17mm 古利特
0.70	0.18	0.24	0.29	0.37	0.47	0.20	17mm 古利特 + 狄纳米特
0.80	0.22	0.30	0.37	0.45	0.55	0.25	17mm 古利特 + 狄纳米特
理论单耗/kg·m⁻³	0.75	0.78	0.81	0.84	0.87		

2.3.3.9　桩坑（井）爆破

桩坑（井）爆破是指建（构）筑物或设施支撑柱体基坑（井）的开挖爆破。如建筑物柱体基坑、桥梁柱基坑、电线杆坑等开挖爆破，或易于压缩的孔隙率较大的土岩介质中的桩柱爆扩成井等。

A　桩坑（井）爆破的特点

桩坑（井）爆破的特点是桩基几何尺寸小，作业空间狭小，爆破夹制作用力大；爆破质量要求高，不允许孔桩岩壁出现宏观裂缝；施工条件恶劣；爆区环境复杂，安全性要求高，其爆破施工工艺具有一定的独特性。

B　桩坑（井）爆破参数计算选择

桩坑爆破一般采用浅孔爆破法，通常使用 $\phi 35 \sim 40$mm 或 $\phi 22 \sim 32$mm 的钎头凿岩。

桩坑（井）爆破与一般小井开挖爆破工艺一样，工作面炮孔布置分为掏槽孔、辅助孔和周边（光面）孔，图 2 – 25 是桩坑（井）爆破炮孔布置示意图，图 2 – 26 是桩柱基础爆扩桩示意图。

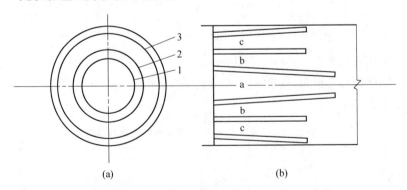

图 2 – 25　桩坑（井）爆破炮孔布置及其作用范围示意图
(a) 平面图；(b) 纵断面图
1—掏槽孔；2—辅助孔；3—周边孔

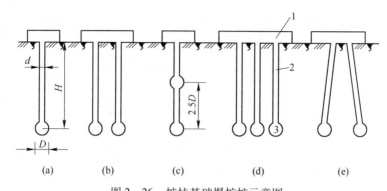

图 2-26 桩柱基础爆扩桩示意图

(a) 单桩；(b) 并联桩；(c) 串联桩；(d) 群桩；(e) 斜桩

1—承重台；2—桩柱；3—桩头

爆扩桩桩柱的直径一般为 300~600mm，最大可达 1.5m 左右。桩头直径约为桩柱直径的 2.5~3.5 倍。建筑物的桩基埋置深度一般为 3~6m。

根据国内一些工程爆破单位在桩坑（井）爆破施工中所积累的经验，对于不同直径桩坑（井）的爆破设计参数可参考表 2-15 选取。表 2-16 是桩柱爆扩装药参数表，可供设计时参考。

表 2-15 桩坑（井）爆破参数表

桩径/m	护壁厚度/mm	爆破直径/mm	爆破断面/m²	掏槽孔			辅助孔			周边孔			雷管个数/发	总装药量/kg	炸药单耗/kg·m⁻³	炮孔利用率/%	循环进尺/m
				孔号	单孔药量/kg	雷管段数	孔号	单孔药量/kg	雷管段数	孔号	单孔药量/kg	雷管段数					
1.2	165	1.53	1.84	1~5	0.4	2	5~12			6~15	0.25	6~8	15	4.5	3.2	70	0.75
1.6	165	1.93	2.89	1~4	0.4	2	5~14	0.3	6~8	13~36	0.25	10~12	26	7.5	3.2	80	0.80
1.8	165	2.13	3.53	1~4	0.4	2	5~14	0.3	6~8	15~28	0.25	10~12	28	8.1	2.8	80	0.80
2.0	165	2.33	4.23	1~4	0.4	2	6~17	0.3	6~8	15~30	0.25	10~12	30	8.6	2.5	80	0.80
2.2	165	2.53	4.98	1~5	0.4	2	6~19	0.3	6~8	18~35	0.25	10~12	35	10.1	2.5	80	0.80
2.4	165	2.73	5.81	1~5	0.4	2	6~20	0.3	6~8	20~38	0.25	10~12	38	10.95	2.4	80	0.80

表 2-16 桩柱爆扩成孔时的装药参数

土壤类别	土的变形模量/MPa	桩柱直径/mm	炮孔直径/mm	药包直径/mm	单位长度装药量/kg·m⁻¹
未压实人工填土	5	300	40~70	20~21	0.25~0.26
软塑黏性土	3~15	300	40~70	22	0.28~0.29
硬塑黏性土	20	300	40~70	25	0.37~0.38

续表 2 - 16

土壤类别	土的变形模量/MPa	桩柱直径/mm	炮孔直径/mm	药包直径/mm	单位长度装药量/kg·m^{-1}
黄土类土		300	40 ~ 70	20 ~ 21	0.25 ~ 0.26
湿陷黄土状亚黏土		260 ~ 300	40 ~ 70	20 ~ 21	0.25 ~ 0.26
湿陷黄土状亚黏土		300 ~ 390	40 ~ 70	22 ~ 23	0.28 ~ 0.31
湿陷黄土状亚黏土		390 ~ 440	40 ~ 70	25 ~ 28	0.37 ~ 0.46
湿陷黄土状亚黏土		440 ~ 550	40 ~ 70	30 ~ 33	0.52 ~ 0.63

思 考 题

1. 根据爆破特点的不同，工程爆破常用的爆破方法有哪几种？
2. 解释下列名词：爆破、自由面、最小（底盘）抵抗线、炸药单位消耗量、超深、毫秒爆破。
3. 什么是浅孔爆破？什么是深孔爆破？简述其优缺点。
4. 露天深孔爆破的主要参数有哪些？
5. 露天多排孔延时爆破常用的起爆网路有哪几种？
6. 井巷掘进爆破的特点是什么？掘进工作面炮孔分为哪几种，其作用是什么？
7. 井巷掘进爆破掏槽孔的布设形式有哪几种？
8. 地下矿山爆破常用的爆破方法有哪几种？试说明其炮孔布置形式。
9. 地下煤矿爆破对使用毫秒电雷管有何规定？为什么？
10. 简述光面爆破和预裂爆破的异同点。
11. 试述拆除爆破的基本原理。
12. 建筑物拆除爆破的倾倒方案有哪几种？简述其适用条件。
13. 建（构）筑物拆除爆破设计的主要内容包括哪些方面？
14. 建（构）筑物拆除爆破应注意哪些问题？
15. 何谓水压爆破？简述其爆破作用原理和注意事项。
16. 什么是沟槽爆破？什么是基坑（井）爆破？

3 爆破安全技术

爆破是目前破碎岩石等坚固介质的有效办法。爆破技术的高效性、经济性和可控性为生产建设开辟了广阔前景。但是如果爆破设计不当，施工操作不规范或爆破器材质量不佳，在爆破生产过程中，如果发生人的非安全行为（失误）和物质环境的非安全状态（故障），或两者交融作用的结果，致使系统能量超越正常范围，导致能量意外转移，形成或增加爆破公害。这不仅影响了炸药的能量利用，而且影响周围建（构）筑物设施和人员安全。因此，在爆破设计施工过程中，必须牢固树立"安全第一"、"预防为主"的思想观念，真正视安全如生命，树立安全是爆破的永恒目标。全面地运用爆破安全理论分析爆破公害致因，科学地应用降低或消除爆破公害的有效控制技术与安全措施，保证周围人员和建（构）筑物设施与环境的安全。

3.1 爆破公害效应

爆破安全是爆破系统的人和物质环境的状态安全。即爆破器材的储存、运输和爆破钻孔、装药、起爆与检查过程中，直接公害或发生公害对人和物质环境的影响程度的安全。因此，爆破时必须明确各环节影响爆破安全的因素及其爆破有害效应性状。

3.1.1 爆破危险源及其分类

根据爆破作业特点，爆破施工过程中可能诱发爆破公害的主要危险源包括：

（1）物质器材源。如凿岩设施或检测器具性能状态欠佳，或爆破器材质量不良，炸药变质、过期；雷管断线、断药或变形等；爆破器材储存超量、不同等级的爆破器材混存混放或同车运输等。

（2）人的行为状态源。这是产生爆破事故的主要原因。爆破设计人员技术素质不高，爆破设计方案不合理，参数计算选择不正确；安全意识淡薄，一次允许最大起爆药量或一次爆破规模过大；没有设计选择有效的控制技术；安全管理机制制度不健全；作业人员没按设计规范施工、装药、连线，起爆操作不规范或违规作业；作业人员存在侥幸心理，麻痹大意，防护措施不力等。

（3）电效应源。电效应是各种电磁（流）现象使雷管非正常爆炸的现象。如杂散电流、静电、雷电或射频感应电流等引起的早爆事故。

（4）爆破效应源。爆破效应是爆破介质破碎效果与无功能量对环境引起或衍生的爆破有害影响程度。如爆破参数设计不合理，最小抵抗线过（变）小过大，单位炸药消耗量大，过量装药，没有应用分能准则合理地分散装药，毫秒爆破或起爆方式不当等，导致爆破对爆区周围人员生命健康、心理和建（构）筑物设施、结构形态产生有害影响。这是目前爆破作业过程中发生的主要爆破危害。

（5）爆破环境源。指爆区环境复杂，人流、交通繁忙，气象风、雨、雾变迁等引发的爆破事故。如爆破引起的近、危建（构）筑物或养殖区损伤事件。

3.1.2 爆破公害效应及其分类

根据爆破有害效应的性质特征，爆破公害可分为如下几类。

（1）爆破地震。炸药在介质中爆轰的部分能量转化为弹性波而引起地面质点振动，即爆破地震。爆破地震对周围建（构）筑物设施、表面岩体等产生影响、变形或损坏。这是目前受到普遍关注的爆破公害效应。

（2）爆破飞散物。爆破飞散物是工程爆破尤其是拆除爆破的主要公害，往往危及人员和建（构）筑物设施的安全。

（3）爆破空气冲击波与噪声。这是炸药能量破碎介质时的外部效应，是一种冲击波或强气浪对一定范围内的人员和物质环境产生杀伤、损坏或不利影响。

（4）爆破有害气体。由于炸药品质或环境条件不佳，炸药爆炸反应生成的对人体有害气体。如一氧化碳（CO）、氧化氮（NO、NO_2、N_2O_3）、二氧化硫（SO_2）、硫化氢（HS）等。通风不良或过早进入爆破工作面，可能引发人员中毒事故。

（5）爆破粉尘。爆破时在空气中激起的微小尘埃云。它影响人们的身体健康和环境生态质量。亦应注意在某种条件下的粉尘爆炸危害。

（6）早爆与拒爆。爆破装药在规定时间段提前爆炸或之后未爆炸者，即造成早爆或拒爆事故，严重影响爆破作业安全和社会安全。

（7）心理公害。主要是爆破对人们心理的影响，如闻听爆破而产生非理性的恐惧、心慌、逃避或感情紧张的心理。

3.2 爆破公害控制技术

3.2.1 爆破地震控制技术

爆破岩土介质引起地面质点振动而对周围岩土和建（构）筑物等（物质环境）的影响称为爆破地震效应。爆破地震是由爆破直接引起的地震或建（构）筑物拆除爆破塌落冲击地面引起的冲击地震。爆破地震强度大于某一允许限阈时，可能对爆区附近的岩体、边坡或建（构）筑物设施的结构、精度等造成损坏或影响。如滑坡、开裂或结构破坏、坍塌及影响岩体结构稳定性等。爆破地震是当前工程爆破的主要公害。

目前，国内外评价爆破地震强度的物理量主要有地面质点振动的加速度峰值、速度峰值和位移峰值。

我国爆破安全规程规定，地面建筑物的爆破振动判据，采用保护对象所在地质点峰值振动速度和主振频率；水工隧道、交通隧道、矿山巷道、电站（厂）中心控制室设备、新浇大体积混凝土的爆破振动判据，采用保护对象所在地质点峰值振动速度。

3.2.1.1 爆破振动速度计算

我国常用萨道夫斯基公式计算爆破振动速度值。

$$v = K \left(\frac{\sqrt[3]{Q}}{R} \right)^{\alpha} \tag{3-1}$$

式中　v——保护对象所在地面质点振动速度，cm/s；

　　　Q——一次爆破装药量（齐爆时为总装药量，延迟爆破时为最大一段装药量），kg；

　　　R——爆心距，爆破中心至观测点的距离，m；

　K，α——与爆破点至计算保护对象间的地形、地质条件有关的系数和衰减指数；K、α 值按表 3-1 选取，或通过现场实验确定。

拆除爆破振动速度可按下式计算

$$v = K \cdot K' \cdot \left(\frac{Q^{\frac{1}{3}}}{R} \right)^{\alpha} \tag{3-2}$$

式中　K'——与爆破方法、爆破参数、地形及观测方法等因素有关的爆破场地修正系数，一般取 $K' = 0.25 \sim 1.0$，距爆源近且爆破体临空面较少时取大值，反之取小值；

其他符号意义同前。

表 3-1　爆区不同岩性与 K、α 值的关系

岩　性	K	α	岩　性	K	α
坚硬岩石	50 ~ 150	1.3 ~ 1.5	软岩石	250 ~ 350	1.8 ~ 2.0
中硬岩石	150 ~ 250	1.5 ~ 1.8			

高大建（构）筑物拆除爆破倾覆至地面时产生的撞击地面振动强度不容忽视，一般其塌落撞击振动强度与爆体质量、塌落高度和爆区岩土介质的力学性质有关，建（构）筑物塌落振动速度可以式（3-3）计算：

$$v_t = K_t \left[\frac{\left(\frac{MgH}{\sigma} \right)^{\frac{1}{3}}}{R} \right]^{\beta} \tag{3-3}$$

式中　v_t——塌落引起的地面振动速度，cm/s；

M——爆体下落构件的质量，t；

g——重力加速度，m/s^2；

H——构件中心的高度，m；

σ——地面介质的极限强度，MPa，一般取 10MPa；

R——爆心距，m；

K_t，β——衰减系数，$K_t = 3.37 \sim 4.09$；$\beta = 1.66 \sim 1.80$。

爆破振动安全允许标准参阅表 3 - 2。

表 3 - 2　爆破振动安全允许标准

序号	保护对象类别		安全允许质点振动速度 $v/\mathrm{cm \cdot s^{-1}}$		
			$f \leqslant 10\mathrm{Hz}$	$10\mathrm{Hz} < f \leqslant 50\mathrm{Hz}$	$f > 50\mathrm{Hz}$
1	土窑洞、土坯房、毛石房屋		0.15 ~ 0.45	0.45 ~ 0.9	0.9 ~ 1.5
2	一般民用建筑物		1.5 ~ 2.0	2.0 ~ 2.5	2.5 ~ 3.0
3	工业和商业建筑物		2.5 ~ 3.5	3.5 ~ 4.5	4.2 ~ 5.0
4	一般古建筑与古迹		0.1 ~ 0.2	0.2 ~ 0.3	0.3 ~ 0.5
5	运行中的水电站及发电厂中心控制室设备		0.5 ~ 0.6	0.6 ~ 0.7	0.7 ~ 0.9
6	水工隧道		7 ~ 8	8 ~ 10	10 ~ 15
7	交通隧道		10 ~ 12	12 ~ 15	15 ~ 20
8	矿山巷道		15 ~ 18	18 ~ 25	20 ~ 30
9	永久性岩石高边坡		5 ~ 9	8 ~ 12	10 ~ 15
10	新浇大体积混凝土（C20）龄期	初凝 ~ 3 天	1.5 ~ 2.0	2.0 ~ 2.5	2.5 ~ 3.0
		3 ~ 7 天	3.4 ~ 4.0	4.0 ~ 5.0	5.0 ~ 7.0
		7 ~ 28 天	7.0 ~ 8.0	8.0 ~ 10.0	10.0 ~ 12.0

注：1. 爆破振动监测应同时测定质点振动互相垂直的三个分量。

　　2. 表中质点振动速度为三个分量中的最大值，振动频率为主振频率。

　　3. 频率范围根据现场实测波形确定或按如下数据选取：硐室爆破振动频率小于20Hz，露天深孔爆破振动频率在 10 ~ 60Hz 之间，露天浅孔爆破振动频率在 40 ~ 100Hz 之间，地下深孔爆破振动频率在 30 ~ 100Hz 之间，地下浅孔爆破振动频率在 60 ~ 300Hz 之间。

在进行设计时还应注意：

（1）选取建筑物安全允许的振速时，应综合考虑建筑物的重要性、建筑质量、新旧程度、自振频率、地基条件等因素。

（2）省级以上（含省级）重点保护古建筑与古迹的安全允许振速，应经专家认证选取，并报相应文物管理部门批准。

（3）选取隧道、巷道安全允许振速时，应综合考虑构筑物的重要性、围岩状况、断面大小、埋深大小、爆源方向、地震振动频率等因素。

（4）非挡水新浇大体积混凝土的安全允许振速，可按本表给出的上限值选取。

3.2.1.2 降低爆破地震强度控制技术

降低爆破地震强度控制技术包括：

（1）采用毫秒爆破技术。一般可降低爆破振动强度 $1/3 \sim 2/3$。

（2）确定合理的爆破规模和一次最大允许起爆药量。

（3）选用合理的起爆顺序或起爆方向。

（4）采用疏通、隔离或阻止地振动波传递的控制技术。如采用预裂爆破或设置减振沟（孔）、缓冲垫层、屏障等，一般可减弱爆破振动强度 $30\% \sim 50\%$。

（5）采用低爆速、低密度的炸药或不耦合装药方式，可明显降低爆破振动强度。

（6）爆破振动效应监测。对于一些重要的建（构）筑物设施或复杂环境进行爆破时，应进行爆破振动效应监测，为爆破安全工作提供科学依据。

关于爆破振动与自然地震的关系及其对建（构）物、设施的影响见表 3-3 ~ 表 3-8。

表 3-3 中国地震烈度表（GB/T 17742—2008）

地震烈度	人的感觉	房屋震害			其他震害现象	水平向地震动参数	
		类型	震害程度	平均震害指数		峰值加速度 /m·s⁻²	峰值速度 /m·s⁻¹
I	无感	—	—	—			
II	室内个别静止中的人有感觉	—	—	—			
III	室内少数静止中的人有感觉	—	门、窗轻微作响	—	悬挂物微动		
IV	室内多数人、室外少数人有感觉，少数人梦中惊醒	—	门、窗作响	—	悬挂物明显摆动，器皿作响	—	—
V	室内绝大多数、室外多数人有感觉，多数人梦中惊醒	—	门、窗、屋顶、屋架颤动作响，灰土掉落，个别房屋墙体抹灰出现细微裂缝，个别屋顶烟囱掉砖	—	悬挂物大幅度晃动，不稳定器物摇动或翻倒	0.31 (0.22 ~ 0.44)	0.03 (0.02 ~ 0.04)

续表 3 - 3

地震烈度	人的感觉	房屋震害			其他震害现象	水平向地震动参数	
		类型	震害程度	平均震害指数		峰值加速度 /m·s⁻²	峰值速度 /m·s⁻¹
Ⅵ	多数人站立不稳，少数人惊逃户外	A	少数中等破坏，多数轻微破坏和/或基本完好	0.00 ~ 0.11	家具和物品移动；河岸和松软土出现裂缝，饱和砂层出现喷砂冒水；个别独立砖烟囱轻度裂缝	0.63 (0.45 ~ 0.89)	0.06 (0.05 ~ 0.09)
		B	个别中等破坏，少数轻微破坏，多数基本完好				
		C	个别轻微破坏，大多数基本完好	0.00 ~ 0.08			
Ⅶ	大多数人惊逃户外，骑自行车的人有感觉，行驶中的汽车驾乘人员有感觉	A	少数毁坏和/或严重破坏，多数中等和/或轻微破坏	0.09 ~ 0.31	物体从架子上掉落；河岸出现塌方，饱和砂层常见喷水冒砂，松软土地上地裂缝较多；大多数独立砖烟囱中等破坏	1.25 (0.90 ~ 1.77)	0.13 (0.10 ~ 0.18)
		B	少数中等破坏，多数轻微破坏和/或基本完好				
		C	少数中等和/或轻微破坏，多数基本完好	0.07 ~ 0.22			
Ⅷ	多数人摇晃颠簸，行走困难	A	少数毁坏，多数严重和/或中等破坏	0.29 ~ 0.51	干硬土上出现裂缝，饱和砂层绝大多数喷砂冒水；大多数独立砖烟囱严重破坏	2.50 (1.78 ~ 3.53)	0.25 (0.19 ~ 0.35)
		B	个别毁坏，少数严重破坏，多数中等和/或轻微破坏				
		C	少数严重和/或中等破坏，多数轻微破坏	0.20 ~ 0.40			

续表3-3

地震烈度	人的感觉	房屋震害			其他震害现象	水平向地震动参数	
		类型	震害程度	平均震害指数		峰值加速度/m·s⁻²	峰值速度/m·s⁻¹
IX	行动的人摔倒	A	多数严重破坏或/和毁坏	0.49 ~ 0.71	干硬土上多处出现裂缝，可见基岩裂缝、错动，滑坡、塌方常见；独立砖烟囱多数倒塌	5.00 (3.54 ~ 7.07)	0.50 (0.36 ~ 0.71)
		B	少数毁坏，多数严重和/或中等破坏				
		C	少数毁坏和/或严重破坏，多数中等和/或轻微破坏	0.38 ~ 0.60			
X	骑自行车的人会摔倒，处不稳状态的人会摔离原地，有抛起感	A	绝大多数毁坏	0.69 ~ 0.91	山崩和地震断裂出现，基岩上拱桥破坏；大多数独立砖烟囱从根部破坏或倒毁	10.00 (7.08 ~ 14.14)	1.00 (0.72 ~ 1.41)
		B	大多数毁坏				
		C	多数毁坏和/或严重破坏	0.58 ~ 0.80			
XI	—	A	绝大多数毁坏	0.89 ~ 1.00	地震断裂延续很大，大量山崩滑坡	—	—
		B					
		C		0.78 ~ 1.00			
XII	—	A	几乎全部毁坏	1.00	地面剧烈变化，山河改观	—	—
		B					
		C					

注：1. 表中给出的"峰值加速度"和"峰值速度"是参考值，括弧内给出的是变动范围。

2. 评定地震烈度时，Ⅰ度～Ⅴ度应以地面上以及底层房屋中的人的感觉和其他震害现象为主；Ⅵ度～Ⅹ度应以房屋震害为主，参照其他震害现象，当用房屋震害程度与平均震害指数评定结果不同时，应以震害程度评定结果为主，并综合考虑不同类型房屋的平均震害指数；Ⅺ度和Ⅻ度应综合房屋震害和地表震害现象。

3. 一般房屋包括用木构架和土、石、砖墙构造的旧式房屋和单层或数层的、未经抗震设计的新式砖房；对于质量特别差或特别好的房屋，可根据具体情况，对表列各烈度的振害程度和振害指数予以提高或降低。

表3-4 地震烈度与振动物理量的关系

烈度	里氏震级	天然地震			爆破地震
		加速度/cm·s⁻²	速度/cm·s⁻¹	位移/mm	最大速度/cm·s⁻¹
1	1.9				<0.2

续表 3 - 4

烈度	里氏震级	天然地震			爆破地震
		加速度/cm·s^{-2}	速度/cm·s^{-1}	位移/mm	最大速度/cm·s^{-1}
2	2.5				0.2 ~ 0.4
3	3.1				0.4 ~ 0.8
4	3.7				0.8 ~ 1.5
5	4.3	12 ~ 25	1.0 ~ 2.0	0.5 ~ 1.0	1.5 ~ 3.0
6	4.9	25 ~ 50	2.1 ~ 4.0	1.1 ~ 2.0	3.0 ~ 6.0
7	5.5	50 ~ 100	4.1 ~ 8.0	2.1 ~ 4.0	6.0 ~ 12.0
8	6.1	100 ~ 200	8.1 ~ 16.0	4.1 ~ 8.0	12.0 ~ 24.0
9	6.7	200 ~ 400	16.1 ~ 32.0	8.1 ~ 16.0	24.0 ~ 48.0
10	7.3	400 ~ 800	32.1 ~ 64.0	16.1 ~ 322.0	>48.0

表 3 - 5　爆破地震烈度表

烈度等级	烈度名称	地面运动垂直最大速度/cm·s^{-1}	破坏现象描述			地面运动垂直最大加速度参考值/g
			人的感觉	建筑物和结构物	地表现象	
I	微震	<2.5		无损坏	无	<0.25
II	弱震	2.5 ~ 5.0	一般人都能感到地动	简易房屋轻微损坏	高陡边坡上碎石,砾石土少量塌落	0.25 ~ 0.50
III	中强震	5.0 ~ 10	感到强烈的地动	简易房屋损坏,一般房屋轻微损坏	陡坡上的孤石、悬石位移,滚落。覆盖层中出现小裂隙,堆积层与基岩交界处产生裂纹	0.50 ~ 1.0
IV	强震	10 ~ 25	地动剧烈,甚至使人跳离地面	简易房破坏,一般房屋损坏。砂浆地面出现残影纹。地下坑道局部塌方,涵洞伸缩缝,地下管道接头可能轻微变位	土夹石边坡有较多的塌方,岩石边坡个别塌落。砂土、弃石碴开始坍溜。地表出现裂缝,临空面处岩石原有裂隙扩张,节理面轻微错动	1.0 ~ 2.5
V	破坏震	25 ~ 50	极其剧烈的地动,人不能站稳	建筑物破坏和严重破坏。地下坑道顶板落石,塌方甚多。涵洞、地下管道可能挤压变形。混凝土结构物产生开裂	土夹石边坡大量坍塌,岩石边坡少量塌方。地表有较多的裂缝,靠近陡坎处出现大裂缝,公路路面局部破坏,岩石顺层理、节理面错动、张开、挤压	2.5 ~ 5.0

烈度等级	烈度名称	地面运动垂直最大速度/cm·s⁻¹	破坏现象描述			地面运动垂直最大加速度参考值/g
			人的感觉	建筑物和结构物	地表现象	
Ⅵ	毁坏震	>50			顺层理面大块岩石可能崩落。地表割裂，有很多大裂缝。公路严重破坏。基石露头产生裂纹，部分岩石破碎，大块坚石位移	>5.0

表 3 – 6 振动速度对建筑物的破坏关系

质点振动速度/cm·s⁻¹	由于爆破振动所造成的破坏情况	
	对建筑物和结构物	对地表
小于 2.5	无损坏	无变化
2.5~5.0	简易房屋轻微损坏	高陡坡上的碎石和土少量塌落
5.0~10	简易房屋损坏；一般房屋轻微损坏；坑道两侧松动；小石块少量塌落	陡坡上孤石、悬石滚落；覆盖层中出现小裂缝；堆积层与基岩交界处产生裂缝
10~25	简易房屋破坏；一般房屋损坏；砂浆地面裂缝；坑道局部塌方；涵洞伸缩及地下管道接头可能轻微变位	土夹石边坡轻微塌方；岩石边坡个别塌落；砂石、弃石渣开始塌落；地面出现裂隙；节理面轻微错动
25~50	建筑物破坏或严重破坏；坑道顶板落石，塌方甚多；涵洞、地下管道挤压变形；混凝土结构物开裂	土夹石边坡大量塌方；岩石边坡少量塌方；地表有较多裂缝；陡坡处出现大裂缝；公路路面局部破坏；岩石顺层理面、节理面错动、张开、挤压
大于 50	建筑物严重破坏；坑道严重塌方，甚至震垮堵死；涵洞地下管道毁坏；混凝土结构物破坏	顺层理面大块岩体可能塌落；地面割裂，出现许多裂缝；公路严重破坏；基石露头产生裂纹；部分岩石破碎；大块坚石位移

表 3 – 7 爆破地震与自然地震的关系

烈度	自然地震			爆破地震
	加速度/cm·s⁻²	速度/cm·s⁻¹	位移/mm	最大速度/cm·s⁻¹
5	12~25	1.0~2.0	0.5~1.0	1.5~3.0
6	25~50	2.1~4.0	1.1~2.0	3.0~6.0
7	50~100	4.1~8.0	2.1~4.0	6.0~12

烈 度	自 然 地 震			爆 破 地 震
	加速度/cm·s⁻²	速度/cm·s⁻¹	位移/mm	最大速度/cm·s⁻¹
8	100 ~ 200	8.1 ~ 16.0	4.1 ~ 8.0	12 ~ 24
9	200 ~ 400	16.1 ~ 32.0	8.1 ~ 16.0	24 ~ 28
10	400 ~ 800	32.1 ~ 64.0	16.1 ~ 32.0	>48

表 3 – 8　振动对人的作用与速度及加速度的关系

振动对人的作用特征	加速度/mm·s⁻²	速度/mm·s⁻¹
无感觉	10	0.16
轻微感觉	10 ~ 24	0.16 ~ 6.4
较大的感觉	126 ~ 400	2.1 ~ 6.4
有害的长期谐动	1000	16
容许的爆破振动	1000	16

3.2.2　爆破飞散物控制技术

由于爆破设计或施工不当以及爆破介质变化或者爆破安全管理不规范等原因，爆破时可能产生个别飞散物影响人身和建（构）筑物设施的安全，亦可能发生爆堆挤压事故。因此，必须采取有效的安全控制技术措施，予以足够重视。

3.2.2.1　爆破飞散物安全距离计算

硐室爆破个别飞散物安全距离

$$R_f = 20 K_f n^2 W \tag{3 – 4}$$

式中　R_f——个别飞散物的安全距离，m；

　　　K_f——安全系数，一般 $K_f = 1.0 ~ 1.5$，顺风方向时，$K_f = 1.5$，下坡方向 $K_f = 1.5 ~ 2.0$；

其他符号意义同前。

我国《爆破安全规程》规定，爆破时个别飞散物对人员的安全允许距离不应小于表 3 – 9。

表 3 – 9　爆破个别飞散物对人员的安全距离

爆破类型和方法		最小安全允许距离/m
1. 露天土岩爆破	浅孔爆破法破大块	300
	浅孔爆破	200（复杂地质条件下或未形成台阶工作面时不小于300）
	深孔爆破	按设计，但不小于200
	硐室爆破	按设计，但不小于300

爆破类型和方法		最小安全允许距离/m
2. 水下爆破	水深小于 1.5m	与露天土岩爆破相同
	水深大于 1.5m	由设计确定
3. 破冰工程	爆破薄冰凌	50
	爆破覆冰	100
	爆破阻塞的流冰	200
	爆破厚度大于 2m 的冰层或爆破阻塞流冰一次用药量超过 300kg	300
4. 爆破金属物	在露天爆破场	1500
	在装甲爆破坑中	150
	在厂区内的空场中	由设计确定
	爆破热凝结物和爆破压接	按设计、但不小于 30
	爆炸加工	由设计确定
5. 拆除爆破、城镇浅孔爆破及复杂环境深孔爆破		由设计确定
6. 地震勘探爆破	浅井或地表爆破	按设计，但不小于 100
	在深孔中爆破	按设计，但不小于 30

沿山坡爆破时，下坡方向的个别飞散物安全允许距离应增大 50%。

3.2.2.2 爆破个别飞散物控制技术

（1）精心设计，合理地计算确定爆破参数。如最小抵抗线 W、爆破作用指数 n、单位炸药消耗量 q 和单孔装药 Q_K 等。

（2）规范施工，避免过量装药、保证炮孔填塞质量和覆盖防护质量等。

（3）注意岩土介质结构特性的影响。如破碎带、软弱夹层、断层、裂隙或自由面等的影响，适时采取补救措施。

（4）采用低爆速、低密度的炸药或不耦合装药结构、毫秒爆破技术等。

（5）采用隔离、阻挡等有效防护措施。如设置重柔性覆盖、屏障等。

3.2.3 爆破空气冲击波和噪声的控制技术

爆破时一部分炸药能量转化为空气冲击波，其超压或冲量可能对爆区附近的人员或建（构）筑物设施安全产生影响。当空气冲击波的超压峰值小于 0.02MPa 以后，空气冲击波衰减为噪声。

3.2.3.1 爆破空气冲击波安全距离计算

露天裸露药包二次破碎爆破时，一次爆破炸药量不应大于 20kg，其空气冲击波的安全距离

$$R_k = 25 \sqrt[3]{Q} \qquad\qquad (3-5)$$

式中　R_k——空气冲击波对掩体内人员的最小安全距离，m；

　　　Q——一次爆破的炸药量，kg。秒延时爆破取最大分段药量计算。

露天深孔爆破空气冲击波安全距离

$$R_k = K_k Q^{\frac{1}{3}} (\Delta p)^{\frac{1}{\alpha}} \qquad\qquad (3-6)$$

式中　K_k——系数，即发爆破时取 0.08，毫秒爆破取 0.03；

　　　Δp——超压，Pa；

　　　α——系数，即发爆破取 1.31，毫秒爆破取 1.55；

其他符号意义同前。

爆破空气冲击波、水中冲击波和噪声控制标准见表 3-10~表 3-15。

表 3-10　空气冲击波和超压对人体的危害情况

序　号	超压 Δp/MPa	伤害程度	伤　害　情　况
1	<0.002	安全	安全无伤
2	0.02~0.03	轻微	轻微挫伤
3	0.03~0.05	中等	听觉、气管损伤；中等挫伤、骨折
4	0.05~0.1	严重	内脏受到严重挫伤；可能造成伤亡
5	>0.1	极严重	大部分人死亡

表 3-11　建筑物的破坏程度与超压关系

破坏等级		1	2	3	4	5	6	7
破坏等级名称		基本无破坏	次轻度破坏	轻度破坏	中等破坏	次严重破坏	严重破坏	完全破坏
超压 Δp/10^5Pa		<0.02	0.02~0.09	0.09~0.25	0.25~0.40	0.40~0.55	0.55~0.76	>0.76
建筑物破坏程度	玻璃	偶然破坏	少部分呈大块，大部分呈小块	大部分破成小块到粉碎	粉碎	—	—	—
	木门窗	无损坏	窗扇少量破坏	窗扇大量破坏，门扇窗框破坏	窗扇掉落、内倒，窗框门扇大量破坏	门、窗扇摧毁，窗框掉落	—	—
	砖外墙	无损坏	无损坏	出现小裂缝，宽度小于5mm，稍有倾斜	出现较大裂缝，缝宽5mm，明显倾斜，砖跺出现小裂缝	出现大于50mm的大裂缝，严重倾斜，砖跺出现较大裂缝	部分倒塌	大部分到全部倒塌

破坏等级	1	2	3	4	5	6	7
破坏等级名称	基本无破坏	次轻度破坏	轻度破坏	中等破坏	次严重破坏	严重破坏	完全破坏
超压 $\Delta p/10^5 Pa$	<0.02	0.02~0.09	0.09~0.25	0.25~0.40	0.40~0.55	0.55~0.76	>0.76

建筑物破坏程度	项目	1	2	3	4	5	6	7
	木屋盖	无损坏	无损坏	木屋面板变形,偶见折裂	木屋面板、木檩条折裂,木屋架支座松动	木檩条折断,木屋架杆偶见折断,支座错位	部分倒塌	全部倒塌
	瓦屋面	无损坏	少量移动	大量移动	大量移动到全部掀动	—	—	—
	钢筋混凝土屋盖	无损坏	无损坏	无损坏	出现小于1mm的小裂缝	出现1~2mm宽的裂缝,修复后可继续使用	出现大于2mm的裂缝	承重砖墙全部倒塌,钢筋混凝土承重柱严重破坏
	顶棚	无损坏	抹灰少量掉落	抹灰大量掉落	木龙骨部分破坏下垂缝	塌落	—	—
	内墙	无损坏	板条墙抹灰少量掉落	板条墙抹灰大量掉落	砖内墙出现小裂缝	砖内墙出现大裂缝	砖内墙出现严重裂缝至部分倒塌	砖内墙大部分倒塌
	钢筋混凝土柱	无损坏	无损坏	无损坏	无损坏	无损坏	有倾斜	有较大倾斜

表 3-12　对人员的水中冲击波安全允许距离

装药及人员状况		炸药量/kg		
		$Q \leqslant 50$	$50 < Q \leqslant 200$	$200 < Q \leqslant 1000$
		最小距离/m		
水中裸露装药	游泳	900	1400	2000
	潜水	1200	1800	2600
钻孔或药室装药	游泳	500	700	1100
	潜水	600	900	1400

表 3-13　对施工船舶的水中冲击波安全允许距离

装药及船舶状况		炸药量/kg		
		$Q \leqslant 50$	$50 < Q \leqslant 200$	$200 < Q \leqslant 1000$
		最小距离/m		
裸露装药	木船	200	300	500
	铁船	100	150	250

装药及船舶状况		炸药量/kg		
		$Q \leqslant 50$	$50 < Q \leqslant 200$	$200 < Q \leqslant 1000$
		最小距离/m		
钻孔或药室装药	木船	100	150	250
	铁船	70	100	150

表 3 – 14   水中冲击波超压峰值对鱼类损害程度

超压峰值/MPa	0.7	0.35	0.2
损害程度	死亡	重伤	安全

3.2.3.2   噪声控制

爆破噪声控制应执行标准如表 3 – 15 所示。

表 3 – 15   我国爆破噪声控制标准

声环境功能类别	对 应 区 域	不同时段控制标准/dB(A)	
		昼夜	夜间
0 类	康复疗养区、有重病号的医疗卫生区或生活区；养殖动物区（冬眠期）	65	55
1 类	居民住宅、一般医疗卫生、文化教育、科研设计、行政办公为主要功能，需要保持安静的区域	90	70
2 类	以商业金融、集市贸易为主要功能，或者居住、商业、工业混杂，需要维护住宅安静的区域；噪声敏感动物集中养殖区，如养鸡场等	100	80
3 类	以工业生产、仓储物流为主要功能，需要防止工业噪声对周围环境产生严重影响的区域	110	85
4 类	人员警戒边界，非噪声敏感动物集中养殖区，如养猪场等	120	90
施工作业区	矿山、水利、交通、铁道、基建工程和爆炸加工的施工场区内	125	110

3.2.4   爆破有害气体与粉尘控制技术

爆破产生的有害气体与粉尘，危害人的生命健康与安全，而且污染环境。爆破有害气体和粉尘也是地下矿山的重要公害，时而引起井下作业人员炮烟中毒事件，或感染职业疾病，影响作业人员的健康与安全生产。

爆破有害气体和粉尘的产生主要和凿岩施工、炸药质量、起爆能量及爆破工艺、通风风流质量等因素有关。表 3-16 为地下爆破工作面有害气体允许浓度表，爆破作业时其有害气体浓度不应超过表 3-16 的标准。

表 3-16 地下爆破工作面有害气体允许浓度表

名 称	化学分子式	最大允许浓度	
		% （按体积）	mg/m³ （按质量）
一氧化碳	CO	0.00240	30
氮氧化物	N_mO_n	0.00025	5
二氧化硫	SO_2	0.00050	15
硫化氢	H_2S	0.00066	10
氨气	NH_3	0.00400	30
氡气	Rn	3700Bq/m³	

露天爆破有害气体影响范围为

$$R_h = K_h Q^{\frac{1}{3}} \tag{3-7}$$

式中　R_h——爆破有害气体的最小安全距离，m；

　　　K_h——有害气体扩散系数 $K_h = 16$；下风方向时增大一倍。

地下矿山爆破有害气体扩散范围为

$$R_j = 0.833\psi nQP\sum \overline{V}/S \tag{3-8}$$

式中　R_j——地（井）下矿山爆破有害气体最小安全距离，m；

　　　ψ——通风系数，当不进行通风时，$\psi = 1.0$，进行通风时，$\psi = 0.84$；

　　　n——与爆破工作面相连通的巷道数目；

　　　P——每千克炸药产生的有害气体量，一般为 $0.9 \mathrm{m^3/kg}$；

　　$\sum \overline{V}$——爆区炮烟经过附近巷道的总体积，$\mathrm{m^3}$；

　　　S——巷道断面面积，$\mathrm{m^2}$。

煤矿地下空气中有害气体安全标准最高允许浓度（质量分数）CO 为 16×10^{-6}，NO_2 为 2.5×10^{-6}，H_2S 为 6.6×10^{-6}，SO_2 为 7×10^{-6}。

根据爆破有害气体和粉尘的生成机理，可采取如下控制技术措施。

（1）保证炸药质量。如选用波阻抗匹配的零氧平衡炸药，增大起爆能，防止炸药受潮、保证填塞质量。

（2）正确计算选择爆破参数。如选择合理的单位炸药消耗量，毫秒爆破技术等。

（3）采用抑尘（毒）技术。如水封爆破、阻（吸）尘屏障、湿式凿岩与扑尘技术、吸附泡沫技术、加强洒水或通风等。

3.3　早爆与拒爆控制技术

3.3.1　早爆事故控制技术

早爆是爆破炮孔装药在规定起爆时间之前爆炸。早爆一旦发生，必将酿成重大爆破事故。因此，爆破作业必须采取安全有效的控制技术，杜绝早爆事故的发生。

早爆的主要原因是由于外部电效应、起爆器材质量和人的不安全行为或环境条件等引起的。其安全预防控制技术是：

（1）树立"安全第一"的思想，认真勘察检测爆破物质环境条件。如检测或设防杂散电流、射频电、静电、感应电、雷电、化学电等效应的安全状态；或爆破硫化矿时注意介质的物化状态。

（2）加强素质教育，规范施工操作。如按爆破设计规范装药、连线、检测、起爆；严禁违章违规操作。

（3）选用质量合格的起爆器材。推荐非电导爆管雷管或数码电子雷管起爆器材等。

3.3.2　拒爆事故控制技术

拒爆是指爆破炮孔装药起爆后全部或部分装药未爆的现象，又称盲炮。拒爆不仅影响爆破质量、效果，而且构成安全隐患，其处理作业危险性大。如果未能及时发现拒爆或处理不当，将会造成严重爆破事故。拒爆现象主要与爆破器材质量、爆破设计的科学性和施工作业的规范化程度等有关。

为了预防和安全处理拒爆，可采取如下控制技术：

（1）采用质量合格的爆破器材。避免使用质劣、过期、变质或受潮的爆破器材。

（2）科学认真地进行爆破设计，合理计算选择爆破参数。如单位炸药消耗量和单孔装药量、装药密度、装药结构、起爆能大小及起爆点位置、数量或网路起爆形式、方向等。

（3）加强素质教育，规范施工操作。如装药、连线和防护时注意网路安全，按爆破设计规范操作。

（4）合理选择毫秒爆破间隔时间。

（5）认真检查爆破效果，规范拒爆处理。如爆后检查爆堆形态特征、网路线状况，重新设计警戒，按《爆破安全规程》规定标准，正确规范地处理盲炮，如填写盲炮处理登记卡（参见表3-17）进行盲炮处理。

当今，人们的生活质量高，环境保护意识强烈，在人口稠密、交通繁忙的城镇和生态环境复杂地带爆破，必须采用先进的爆破技术，安全有效的控制技术与安全措施，以减少爆破对人们的生命财产、心理健康或生态环境的影响或破坏。

表 3 – 17 盲炮处理登记卡片

工程名称				
爆破施工单位		施工单位 负责人		爆破时间	
盲炮处理人		现场负责人		盲炮处理 时间	
盲炮情况描述（包括盲炮设计孔深、药量、周边环境情况、有无变化及盲炮原因分析）				
盲炮处理方法及安全措施				
残留爆破器材处理情况				
处理结果及说明				
项目经理意见 签字　年　月　日			监理工程师意见 签字　年　月　日	

注：本表由盲炮处理人或现场负责人填写。

思 考 题

1. 什么是爆破公害？一般将爆破公害分为哪几类？
2. 简述爆破地震效应的判据指标及其安全距离的确定。
3. 简述控制爆破地震效应的安全技术措施。
4. 简述爆破飞散物的产生原因及其安全控制技术措施。
5. 如何预防控制爆破空气冲击波效应？
6. 爆破产生的有害物质有哪些？试述其预防控制技术措施。
7. 何谓早爆？简述预防早爆的安全技术措施。
8. 何谓拒爆？试述拒爆的原因及其预防控制技术措施。
9. 什么是杂散电流？如何预防杂散电流的产生？
10. 工程爆破中如何预防外电效应的影响？

4 爆破安全管理的原理

4.1 爆破安全管理概述

4.1.1 爆破安全管理的基本概念

安全是人类生产生活的永恒话题。安全生产直接关系到人民群众的生命健康、财产安全与环境质量，直接影响国民经济的建设与发展。

所谓安全是指客观的人、机、环境系统活动未引起系统损伤的状态。亦即客观事物生产、生活活动的结果，没有引起系统中的人员、设备、物资、财产与环境的伤害、损失和危害。

爆破安全生产是指爆破施工作业过程中人、机、环境的状态安全。

爆破安全管理是为了实现爆破施工作业安全而组织、协调和控制人、机、环境系统的过程。也就是通过计划、组织、协调与控制等安全管理机制，运用爆破科学技术与安全管理制度调控人、机、环境系统的不安全因素，以控制改变人的不安全行为、物的不安全状态和环境的不安全条件，避免发生影响生产效益的人为和物质的阻碍事件，保证爆破施工作业系统安全生产。

爆破安全管理在解决系统中的安全问题时应从两个方面考虑：一是借助于法律法规、组织管理和教育培训控制人的不安全行为；二是借助于爆破控制技术、措施和安全管理机制控制机与环境的不安全因素，改善爆破作业环境。爆破安全管理实质上是对人、机、环境的系统管理。

4.1.2 危险与事故

危险是可能导致客观事物意外损伤的现有或潜在状态。在客观的人、机、环境系统中，可能因某些现有或潜在因素的激发或耦合而导致人员伤害、物资损失与环境破坏的可能事故状态。危险的特点是突发性和瞬时性。违规作业、使用非标准的设备、器材或遇复杂的环境条件等，都可能成为危险因素。

危害是指可能造成人员伤害、财产损失和环境破坏的根源或状态。危害强调在一定时间范围内的积累作用，如爆破振动危害、爆破噪声危害、爆破个别飞散物危害、凿岩粉尘引起的矽肺职业病危害或爆破边坡岩体稳定性危害等。

在安全生产管理工作中，常用风险又称为风险度或危险度来定性、定量评价和比较生产系统危险性的大小。其表述公式为

$$R = FS \qquad\qquad (4-1)$$

式中　　R——风险；

　　　　F——危险概率，指危险由潜在状态转化为现实状态的可能性大小；

　　　　S——危险严重程度，指危险可能造成的后果即损失或伤害。

风险是指特定危害性事件发生的可能性与后果的综合。人类生产、生活活动过程中，其潜在风险所造成的死亡率一般随所追求的效益增大而增加。为了增进爆破安全生产意念，下述风险指标的含义我们应悉心体察。当工业生产每年死亡率达 1‰时，属高度风险，必须立即采取措施；达 0.1‰（万分之一）时，属中度风险，人们一般不愿意看到这种情况发生而投资改善它；达 0.01‰（十万分之一）时，这与游泳溺死事件的风险相当，需加以注意；达百万分之一时，大体与遭遇天灾致死的风险相当，一般会存在侥幸心理，听天由命；降至千万分之一时，就是可以忽略的危险性了。我国矿山、井下和建筑业的年死亡概率不大于 0.2‰，即万分之二；航空业小于 0.05‰，即十万分之五。安全生产的奋斗目标是年死亡概率降到 0.01‰，即十万分之一，达到基本上没有危害、人们可以承受的程度。

事故是人、机、环境系统突发的人身伤害、物资财产损失或环境破坏的意外事件。一个或一系列事故造成损伤的种类与大小各不相同，由偶然危险因素的性质决定。

客观事物发展规律表明，安全、危险乃至事故是对立的统一，共存于人们的生产、生活的一切活动之中，不以人们的意志愿望为转移而客观存在。安全与危险相辅相成，在一切活动中总是此升彼落或此落彼升。因为客观系统中危险因素相互作用的复杂性、多变性和隐潜性，以及人们认识的局限性与滞后性，不可能从全时空上消除一切危险，根绝一切事故。因此，爆破安全管理的特点是将客观的人、机、环境系统进行有机地联系，能动地运用科学理论和爆破控制技术，全面地识别、预测、评价生产系统诸阶段危险因素及其关联转化机制，及时有效地采取调控技术措施，预先解决、改善系统的不协调因素及不安全状态，以达到消除危险，杜绝事故的目的。

一般来说，爆破生产系统运行初末期、或遇环境复杂或变更工序时，应倍加注意爆破安全教育和管理，加强爆破安全技术措施效应与效力，实时地进行人、机、环境系统安全状态的匹配工作。随着时间的推移，适时强调、改善人的工作思想集中程度和完善设备器材状态及规章制度、规范作业要求等，使人们能动地认识到系统危险状态与事故风险程度，主动全力地加速由危险向安全状态的转化，化解系统风险，控制降低事故概率，使爆破生产系统在更高层次的安全状态发展运作，做到在既定生产时段、既定施工工序中安全生产。

4.1.3 爆破安全管理的目的与内容

4.1.3.1 爆破安全管理的目的

爆破企业安全管理就是要贯彻落实国家安全生产方针、安全生产的法律和法规，根据本企业的实际情况，从组织管理与技术管理上制定相应的安全管理措施，在分析国内外爆破安全管理经验教训、研究成果的基础上，寻求适合本企业实际的爆破安全管理方法。而这些管理措施和方法的作用在于控制和消除影响企业爆破施工作业的不安全因素、不卫生条件，从而保障爆破施工过程中不发生人身伤亡、设备物资损失和环境破坏事故，或不发生火灾、爆破器材丢失与盲炮事故。

因此，爆破安全管理的目的是确保爆破生产系统的人员、财产和资源环境安全，实现爆破生产安全、优质、高效、低碳的目标，促进社会经济发展。具体来说，必须确保爆破区域及附近周边范围内的人员、设施、环境安全与健康。要识别、预防、消除生产系统中的危险、危害因素，有效地控制爆破施工过程中伤亡事故或职业病的发生，避免物资财产损失，维护社会团结、稳定，促进社会生产发展。

4.1.3.2 爆破安全管理的主要内容

爆破安全管理是针对爆破生产施工特点，围绕着企业爆破生产中的安全问题所进行的一系列管理活动。根据爆破安全管理的研究对象是人、机、环境系统中的安全问题，那么爆破安全管理的主要内容就是管理者通过组织、规划和协调管理机制，控制人、机、环境的不安全因素所进行的一系列管理活动。因此，爆破安全管理的主要内容包括：

（1）贯彻执行国家的安全生产方针、法规、制度和安全生产责任制；
（2）爆破安全管理机构机制的建立与执行；
（3）爆破安全目标管理与安全监督；
（4）爆破安全预测、规划及其安全预控技术设计与实施；
（5）安全教育与安全检查；
（6）爆破事故预防和管理；
（7）爆破事故应急预案；
（8）爆破安全文化建设。

4.1.4 爆破安全管理的方法

爆破安全管理是对人、机、环境系统的不安全因素管理。其中对人的安全管理占有特殊的位置。人既是生产事故的肇事者，又是伤害事故的受难者。鉴于人员的技术素质、文化观念和生理心理状态之差异，在生产事故致因中，人的不安全行为占（75%以上）有很大比例。因此，在爆破安全管理方面，建立设置了专门的安全管理机制和采取适当的技术措施，严格、权威地进行安全管理，以最根本的安全控制技术改善爆破施工环境条件，控制、规范人的不安全行为，防止或消除爆破事故发生。

由于爆破生产施工与环境条件的复杂性、多变性，现有与潜在危险因素的激发或耦合形态千变万化，因此，爆破安全管理技术和方法要理论联系实际，实时采取恰当有效的管理方法。目前，爆破安全管理方法各式各样，生产中主要应用的有经验法和预析法两种。

4.1.4.1　经验法

经验法是根据既往经验教训的分析总结，联系生产现状而采取安全技术措施以防止或减少重复事故发生的管理方法。这种方法又叫事后法，是在对过去已发生的生产事故进行分析、总结的基础上，找出主要危险因素，及时采取针对性的安全技术措施，防控事故重复发生，因而对现行爆破安全管理工作有指导作用，也是我们通常所说的传统安全管理方法。

4.1.4.2　预析法

预析法是运用预测理论通过对现行爆破生产系统诸要素的关联作用分析，预测危险因素偶发事故的可能性而采取的安全管理方法。亦即事先对现行生产系统要素进行预测和识别，预控某些危险因素可能诱发爆破公害或伤害事故致因，预先对其调控来消除危险，避免事故，从而使系统达到最佳安全生产状态。这就是所谓的目前应用的现代安全管理办法。

爆破安全管理的经验法和预析法，其工作程序都是以爆破安全为中心，分析发现影响安全生产的主要因素；进一步识别、确认主要影响因素的时空方位态势，预测、评价其致因和影响程度序列，并注意这些因素之间的关联作用；规划、决策安全管理目标及其技术措施对策，并从人力、财力、物力和组织等方面予以保证；对实施对策效果进行评价，对技术措施的有效性及其完善程度与合理化进行检查、评定，并将评价结果反馈，以寻求最佳的安全控制对策。

4.2　爆破安全管理的原理与原则

爆破安全管理是企业管理的重要组成部分，由爆破安全控制技术和爆破安全管理机制构成，前者是核心，后者是保证，两者相辅相成，密切关联。基于爆破施工作业使用器材及其工作的时限性、规范性特点，爆破安全管理主要是爆破风险管理与爆破危害控制。

所谓原理是对客观事物本质内容基本运动规律的表述。爆破安全管理的原理是从爆破安全生产管理的共性出发，对爆破安全生产管理工作的实质内容进行科学分析、预测、综合、抽象与概括而得出的爆破安全生产管理规律。如普遍采用的爆破安全生产管理的预防原理、强制原理及系统原理等。

爆破安全管理原则是对客观事物基本规律认识的基础上，需要人们共同遵循的行为规范与准则。原则更具体，对爆破安全生产管理工作和人的行为规范更有指导性。如安全第一原则、监督原则及因果关系原则等。

4.2.1　爆破安全管理的原理

4.2.1.1　预防原理

预防原理是爆破安全管理工作应以预防为主，通过有效地安全预控管理机制和技术措施，调控人的不安全行为和物的不安全状态，从而达到预防事故的目的。

预防是事前工作，其本质是在有可能偶发意外人员伤害或物资、环境破坏的系统，事先采取管理和技术措施，防止事故的发生。预防原理的运作机制是主动的，积极的，是安全管理应采取的主要工作方法，其正确性和有效性十分重要。为了提高预防管理工作效能，一方面要采用科学的预安全分析、预评价技术；另一方面要重视经验的积累，重视对既成事故及重大未遂事故（险肇事故）进行统计分析，从中发现规律。从而全面地对生产系统中人、机、环境的不安全因素及其状态与后果做出准确预测判断，以便及时有效地实施控制对策，预防事故发生。

4.2.1.2　强制原理

强制原理就是采取绝对服从的管理机制控制人的意愿和行动，使人的活动、行为等受到安全生产管理要求的约束，从而实现有效地爆破安全生产管理。所谓绝对服从就是强制，不必经被管理者同意便可采取控制行动。管理就是管理者对被管理者施加作用与影响，并要求被管理者服从其意志，满足其要求，完成其规定的任务。这显然带有强制性。现实爆破生产、生活活动表明，有时若不强制便不能有效地抑控被管理者的无拘个性。如持有"冒险"、"侥幸"、"省事"等心理的人，时常不恰当地估计事故潜在的可能性，尤其在追求最大生产"利益"（图省事、省时、省能、舒适方便、成本低等）时，在避免风险与利益之间做出错误的选择，产生有意的不安全行为，以致引发不可挽回的爆破事故损失。

爆破安全强制性管理的标志是强调管理机制规范化、制度化和标准化，而不是凭企业领导者的个人意志行事。因此，爆破安全强制性管理的实施，一是按照国家严格合理的法律、法规、标准和各级规章制度，依其构成爆破施工操作的安全行为规范；二是要认真执行强有力的管理和监督体系，实时保证被管理者始终按照安全行为规范进行活动，将其调控到符合整体管理利益和目的之轨道上来，一旦其行为超越规范的约束，就要有严厉的惩戒措施。

4.2.1.3　系统原理

系统原理是指爆破安全管理工作要运用系统的观点、理论和方法对管理活动诸要素进行全面的分析和处理管理中出现的问题，以达安全管理的优化目标。亦即从系统论的角度来认识和处理爆破安全管理中的潜显问题。

系统原理是现代管理科学中的一个最基本的原理。其管理机制必须有全局观点，统筹规划，实现系统的整体最优。爆破安全管理系统一般由安全管理规章制度、安全操作规程、规范和各级专兼职安全管理人员、安全防护设备设施以及爆破安全生产管理信息等构成。对企业爆破安全管理来说，一般从系统观点出发，利用科学的分析方法，对工程爆破现场勘察、爆破设计、施工、检查等工序的影响因子进行全面系统地分析和探索；明确与安全生产有关的基本要素及存在的重要危险因素及其联系；确定其工程爆破的系统目标，制定并比较实现目标的若干可行方案；明确爆破安全管理工作的重点及企业、车间到班组各级安全管理的管理职责与权利，为决策者选择最优爆破设计方案提供依据。

4.2.2 爆破安全管理的原则

4.2.2.1 安全第一原则

安全第一原则是要求在进行生产和其他活动时把安全工作置于一切工作的首要位置。亦即当生产、环境或其他工作与安全发生矛盾时，要以安全为主，生产和其他工作要服从于安全，这就是安全第一原则的实质。

安全第一原则是爆破安全管理的基本原则，也是我国安全生产方针的重要内容。贯彻安全第一原则，就要求企业领导、生产技能或经济职能部门领导和员工把安全第一作为企业的统一认识和行动准则，高度重视爆破安全，以安全为本，将安全当做头等大事来抓，要把保证爆破安全作为完成各项任务、做好各项工作的前提条件，把安全生产作为衡量企业工作好坏的一项基本内容。在爆破设计、规划、施工时应首先想到安全，实时预测、预控安全技术措施，防止事故发生。

坚持安全第一原则，就要建立健全各级安全管理机构和生产责任制，从组织上、思想上、制度上切实把安全生产工作摆在首位，常抓不懈，形成标准化、制度化和经常化的安全生产工作体系。

4.2.2.2 监督原则

监督原则是设置授权的专门职能机构和人员严格依照法规对爆破安全生产规范化行为进行监察管理。也就是说为了保证职工的身体健康和生命财产安全，使爆破安全生产法律、法规、标准和规章制度得到落实，切实有效地实现爆破安全生产，必须设置各级安全生产专职监督管理部门和专兼职人员，赋予必要的权力威严，以保证其履行监督职责，严肃认真地对爆破企业生产中守法和执法情况进行监督、检查，以发现揭露安全工作中的问题，督促问题的及时解决，或追究和惩戒违章失职行为。

监督主要包括国家监察、行业管理和群众监督等。爆破安全监察是安全生产专项监督的一种形式，依法对各部门和企事业单位进行爆破安全监督检查、分析、整改，完善生产技术，搞好安全生产。行业管理是行业管理部门、生产管理部门和企业自身，对企业爆破安全生产进行安全管理、检查、监督和指导。通过对安全工作的组织指挥、计划、决策和控制等过程来实现爆破安全目标，起到安全生产管理的督导作用。群众监督是工会系统组织职工自下而上对爆破安全生产进行监督检查，协助、监督企业行政部门做好安全工作，提高群众遵章守纪的自觉性。

4.2.2.3　因果关系原则

因果即原因与结果。因果关系原则就是客观事物诸因素之间存在着发生相互作用的起因与结果联系。也就是说客观事物之间存在某因素诱发另一因素变化的原因关系。

爆破事故是许多因素互为因果而发生连锁作用的最终结果。爆破事故的发生与其原因有着必然的因果关系，事故的因果关系决定了爆破事故发生的必然性，即爆破事故因素及其因果关系的存在决定了爆破事故迟早必然要发生。

一般来说，爆破事故原因分为直接原因和间接原因。直接原因是在时空上最接近事故发生的原因，如人的原因和物的原因；间接原因是事故的关联致因，如爆破设计和控制技术缺陷、劳动组织、操作规范、教育、检查或应急预案不力等。

爆破事故的必然性包含着规律性。必然性来自于因果关系，因此，通过深入地调查、爆破事故因素的因果关系预测和统计分析，发现爆破事故发生的规律性，以便找出主要矛盾，预先采取安全控制技术措施，变不安全条件为安全条件，把爆破事故消灭在早期萌芽起因阶段，这就是因果关系原则的实用性。

4.3　爆破安全管理的体制和制度

搞好爆破安全生产是保证国家经济建设持续发展和社会安全的基本条件，是社会文明进步的重要标志。为了实现爆破安全生产，首先必须确立国家安全生产方针，在其方针的指引下建立健全适应我国经济体制，促进经济发展的安全管理体制和配套完善的法律法规制度、安全管理方法与手段。

方针是国家在一定历史时期内为达到一定目标而确定的指导原则。安全生产方针是一个国家的生产工作指导原则。当前，我国的安全生产方针是"安全第一、预防为主、综合治理"。它高度概括了安全管理工作的目的和任务，也就是说在一切生产、生活活动中，"安全第一"是首要条件，必须坚持安全优先原则。在爆破生产经营活动中，当保障安全与生产经营的其他目标发生冲突时，要保证安全第一；在确保生产安全的前提下，努力实现生产经营的其他目标。要坚持生产必须安全，安全为了生产，安全创造效益的理念。

4.3.1 爆破安全管理体制

体制是关于一个社会组织系统的结构组成、管理权限划分、事务运作机制等方面的综合概念。不同类型和功能的组织系统，其体制一般是不同的，如政府部门与生产企业的体制就不完全相同。安全生产管理系统按管理范围和职责，可分为国家管理系统、行业管理系统和企业管理系统等。各种类型的管理系统均有自己相应的体制。目前，我国的安全管理体制是"企业负责、行业管理、国家监察、群众监督、劳动者遵章守纪"。安全管理体制从不同层次、不同角度和不同方面推动"安全第一、预防为主、综合治理"方针，协调一致，促进社会的"安全发展"。

企业是爆破安全生产工作的责任主体和具体实行者，企业法人代表或最高管理者是企业安全生产的第一责任人。爆破企业应该独立承担搞好安全生产的责任和义务，建立健全爆破安全生产管理的自我约束机构与机制，严格认真地贯彻执行国家爆破安全生产的法律、法规和标准，制定企业自己的爆破安全生产规章制度，落实爆破安全控制技术措施，开展爆破安全教育培训，确保爆破安全生产。同时，爆破企业在认真自我安全检查的基础上，主动接受国家安全监察机构的监督检查和行业主管部门的管理。

爆破行业管理是行业主管部门根据国家的安全生产方针、政策和法规，在实施本行业宏观管理中，帮助、服务、指导和监督本行业的安全生产工作。

国家监察是国家某政府部门对具有独立法人资格的爆破企事业单位执行安全法规的情况进行监督和检查，用法律的强制力量推动安全生产方针和政策的正确实施。

群众监督是广大职工群众通过工会或职工代表大会等自己的组织，监督和协助企业各级领导贯彻执行安全生产方针、政策和法规，不断改善劳动条件和环境，切实保障职工生命与健康的合法权益。群众监督属于社会监督，一般通过建议、揭发、控告或者协商等方式解决问题。因此，群众监督不具有法律的权威性。

4.3.2 爆破安全管理机构和职责

根据爆破企业生产施工特点，中华人民共和国安全生产法明文规定，爆破企业应设立爆破安全生产管理机构或配备专兼职爆破安全生产管理人员，或者委托具有国家规定的相关专业技术资格的爆破工程技术人员进行爆破安全生产管理工作。

根据企业规模，其爆破安全生产管理机构一般设置为安全处、安全科或安全组或企业安全生产委员会等。安全生产委员会一般由经理（厂长）或主管生产的副经理、总工程师、工会主席、安全处（科）及爆破工程技术人员组成，负责规划、决策、协调和解决安全问题。安全委员会的办事机构是安全管理机构。同时，工会亦应设置安全管理机构与配备专兼职安全管理人员。

各级安全管理机构的任务是认真贯彻执行国家的安全生产政策、法规、标准和规章制度；制定修改本单位爆破安全生产管理制度和规定；负责编制并组织爆破安全生产计划、安全技术措施；爆破安全监督、检查、协调和培训教育等工作。各级专兼爆破安全管理人员在主管安全生产副经理（副厂长）领导下，协助贯彻执行有关爆破安全的规章制度，修订车间安全管理细则和岗位操作细则；监督、检查或登记职工对爆破安全生产非规范化作业情况，制止违章作业、违规指挥，对于重大隐患，有权停止生产并立即报告领导；参与爆破事故调查、分析和处理等。

4.3.3 爆破安全管理制度

爆破安全管理制度的建立和实施，目的是规范爆破作业行为，确保施工安全，促进生产发展。这与安全管理机构的设立、人员配备及其职责履行和素质的提高密切相关。

根据《安全生产法》、《环境保护法》和《安全生产许可证条例》、《民用爆炸物品安全管理条例》和《爆破安全规程》等法规对爆破安全生产和管理行为的管理规范，现行的爆破安全管理制度主要有：爆破安全生产许可制度、爆破作业人员持证上岗制度、爆破作业分级管理制度、安全生产责任制度、安全技术措施计划制度、爆破安全监查制度、安全生产教育培训制度、消防安全责任制度、爆炸物品管理制度、安全生产事故报告制度、爆破安全事故应急预案制度及意外伤害保险制度等。

4.3.3.1 爆破安全生产许可制度

行政许可是指国家行政机关根据公民、法人或其他组织的申请，依法审查准其从事特定活动的行为。行政许可属于事前监督管理方式。行政许可的目的主要是规范行政许可的设定和实施，规范企业安全生产条件，进一步加强安全生产监督管理，防止和减少生产安全事故，保护公民、法人和其他组织的合法权益，维护公共利益和社会秩序，保障和监督行政机关有效实施行政管理。《行政许可法》规定"直接涉及国家安全、公共安全、经济宏观调控、生态环境保护及直接关系人身健康、生命财产安全等特定活动，需要按照法定条件予以批准的事项可以设定行政许可"。《民用爆炸物品安全管理条例》规定民用爆炸物品生产、销售、购买、运输和爆破作业单位实行许可证制度。未经许可，任何单位或个人不得生产、销售、购买、运输、储存和使用民用爆炸物品。

《民用爆炸物品安全管理条例》明确规定了民用爆炸物品从业单位之企业设

立许可和安全生产许可条件、申请审批程序等法规制度。民用爆炸物品生产、销售、购买、运输、储存或爆破施工企业需按法定程序，分别向其所在地国家相关行政机关申请相应的《民用爆炸物品生产许可证》、《民用爆炸物品销售许可证》、《民用爆炸物品购买许可证》、《民用爆炸物品运输许可证》和《爆破作业单位许可证》。在取得企业设立许可时，需持经标注安全生产许可的《民用爆炸物品生产许可证》或《民用爆炸物品销售许可证》或《爆破作业单位许可证》到工商行政管理部门办理工商登记之后，方可生产或销售民用爆炸物品或从事爆破作业活动。并在一定时限内向所在地县级公安机关备案。

4.3.3.2　爆破作业分级管理制度

爆破作业分级管理就是将爆破作业单位划分为不同类别、等级或范畴进行分级管理。按照爆破分级管理原则、条件标准和要求，依据爆破作业属性将爆破作业单位分为非营业性爆破作业单位和营业性爆破作业单位两类。如本溪钢铁公司南芬铁矿爆破生产为非营业性爆破作业单位。而具有独立法人资格，直接承揽爆破设计施工或安全评估或安全监理的企业为营业性爆破作业单位。营业性爆破作业单位需按其爆破技术水准、设施和生产条件审核爆破作业资质证书，将资质分为一级、二级、三级、四级，并根据一次爆破总药量、爆破环境复杂程度及爆破特征，又将不同性质的爆破作业项目划分为 A、B、C、D 四个级别，以此进行相应的爆破作业分级管理，如表 4-1 所示。

表 4-1　爆破工程分级表

作业范围	分级计量标准	单位	级　别			
			A	B	C	D
岩土爆破	一次爆破总药量 Q	t	$100 \leqslant Q$	$10 \leqslant Q < 100$	$0.5 \leqslant Q < 10$	$Q < 0.5$
拆除爆破	高度 H	m	$50 \leqslant H$	$30 \leqslant H < 50$	$20 \leqslant H < 30$	$H < 20$
	一次爆破总药量 Q	t	$0.5 \leqslant Q$	$0.2 \leqslant Q < 0.5$	$0.05 \leqslant Q < 0.2$	$Q < 0.05$
特种爆破	单张复合板使用药量 Q	t	$0.4 \leqslant Q$	$0.2 \leqslant Q < 0.4$	$Q < 0.2$	

注：1. 表中药量对应的级别指露天深孔爆破；其他岩土爆破相对应级别的药量系数：地下爆破 0.5；复杂环境深孔爆破 0.25；露天硐室爆破 5.0；地下硐室爆破 2.0；水下钻孔爆破 0.1，水下炸礁及清淤、挤淤爆破 0.2。

2. 表中高度对应的级别指楼房、厂房或水塔的拆除爆破；烟囱和冷却塔拆除爆破相对应级别对应的高度系数为 2 和 1.5。

3. 拆除爆破按一次爆破药量进行分级的工程类别包括：桥梁、支撑、基础、地坪、单体结构等；城镇浅孔也按此标准分级；围堰拆除爆破相应的药量系数为 20。

4. 在《爆破安全规程》第 12 章所列其他特种爆破按 D 级进行分级管理。

爆破作业人员应参加培训，经考核并取得有关部门颁发的相应类别和作业范围、级别的安全作业证，持证上岗。

爆破作业单位应按其资质等级范围承接爆破作业项目；爆破作业人员应按照

其资格等级从事爆破作业。

4.3.3.3　安全生产责任制度

安全生产责任制度是爆破施工企业最基本的安全管理制度，是爆破施工安全生产管理的核心和中心环节。所谓安全生产责任制，就是明确规定企业各级领导应对本单位安全工作负总的领导责任，以及负责人或其他副职、项目负责人、工程技术人员、职能科室和班组长、爆破员、安全员、保管员及每个岗位作业人员在生产劳动中应该担负相应的安全生产责任。

安全生产责任制度的主要内容包括：

（1）爆破企业各级领导、各部门和生产操作工人的安全生产责任制；

（2）项目对各级、各部门安全生产责任制应规定的检查、考核办法；

（3）项目独立承包或分包的工程在签订承包合同中必须明确安全生产工作的具体指标、安全责任和要求；

（4）项目的主要工序应有相应的安全技术操作规程，并悬挂在操作岗位前；

（5）爆破施工现场应配备专（兼）职安全员进行安全监督检查。

4.3.3.4　安全生产教育培训制度

安全生产教育亦称安全教育，是爆破企业为提高职工爆破安全技术水平、安全意识和防范事故能力、促进安全生产而进行的教育培训工作。安全生产教育是企业爆破安全管理的重要内容，使爆破从业人员熟悉有关安全生产的规章制度与安全操作规程，掌握本岗位的安全生产操作技能，提高安全素质，养成正确的安全行为和规范作业习惯，从而形成预控事故隐患和创造良好的爆破作业条件。未经安全生产教育和培训合格的爆破从业人员，不得上岗作业。

A　安全生产教育的内容

安全生产教育的内容主要包括安全生产思想教育、安全知识教育和安全技能教育等。

（1）安全生产思想教育。安全生产思想教育主要是安全意识、安全生产方针政策和法规、纪令教育。安全意识是在生产活动中人的安全生产理念与心理状态。安全意识教育就是对不同层次、各种思想意识、心理素质、情绪态度和行为的职工、干部进行可塑性教育，明确人、机、环境系统中不安全因素和潜显危害的关联作用引发事故的规律性，从而树立正确的安全与生产、效益与安全的科学安全观。自觉地学习贯彻执行安全生产方针政策和法规、制度、纪律与法令。

（2）爆破安全知识教育。爆破安全知识教育主要是爆破安全管理知识和爆破安全技术知识教育。如爆破安全管理组织机构、管理体制、基本安全管理方法、安全心理学、安全系统工程和基本爆破技术知识、爆破安全控制技术与措施、爆破安全操作技术规范规程等。

（3）爆破安全技能教育。爆破安全技能实际就是爆破施工操作的本领。技能是人为完成某任务经训练而获得完善化自动化的行为方式。技能达到一定熟练程度具有高度自动化和精密准确性称之为技巧。爆破安全技能教育应按照标准化、规范化的爆破作业要求，进行正常爆破作业技能和异常作业处理技能培训，逐步提高培训对象的安全操作技能和掌控改善安全行为结构的能力。

B 安全生产教育的对象和形式

爆破生产经营单位安全生产教育和培训对象应该按等级层次或工作性质进行。各级管理人员如企业法人、总经理（厂长）、部门主管（车间主任、工段长）以上干部、爆破工程技术人员和行政管理干部的安全生产教育，其主要是爆破安全知识和安全管理机制教育。他们既是企业的计划者、经营者，又是决策者。其管理水平高低、安全生产意识强弱、对国家安全生产方针政策理解的深浅、对安全生产重视的程度，以及对安全生产知识掌握的多寡，直接决定了企业爆破安全生产状态。因此，加强各级管理人员相应的爆破安全生产知识和管理能力的教育培训十分重要。生产岗位作业人员包括新上岗的临时工、合同工、劳务工、轮换工等安全生产教育培训，主要是爆破作业基本知识、标准化和规范化安全操作技能、方法、规章制度及应急知识教育。安全员、爆破员、保管员或押运员须经培训考核合格，取得"爆破作业人员许可证"，方可持证上岗。

爆破安全生产教育的形式多种多样，目前主要采用的安全生产教育形式包括：（1）爆破施工作业人员（或三大员）安全教育；（2）爆破工程技术人员安全教育；（3）爆破管理干部和安全专业技术人员安全教育；（4）企业法人和经理、负责人安全教育；（5）新从业人员安全教育；（6）"五新"和变工种安全教育等正规化教学方式进行安全教育培训。

另外亦可采取班前（后）会、安全生产会议、安全日活动、安全知识竞赛、座谈会、报告会和安全信息网络、声像等形式进行安全生产教育。

无论采用何种安全教育培训形式，一定要注意重视教育效果。教学大纲、教学计划、教学内容、教材及教师队伍要规范化；教学要有针对性，理论联系实际，质疑交叉，循序渐进，讲究实用实效。

4.3.3.5 爆破安全生产检查制度

进行安全生产检查要有明确的目的、要求和具体计划，建立健全安全生产检查组织和专兼职人员，依靠群众，边检查，边改进，及时检查、整改违章违纪行为，并及时总结推广先进经验。

安全生产检查机构的主要职责是检查安全生产方针、政策和爆破法规等贯彻执行情况；检查爆破安全技术措施计划的完成情况；对违规单位或有关人员提出处理意见；对不具备安全生产基本条件的爆破作业工序或场所，有权提请有关部门责令停产、整改或予以封闭停用，参加损伤事故的调查处理等。

4.3.3.6 爆破安全技术措施计划制度

爆破安全技术措施计划是把改善企业劳动条件的工作纳入国家和企业计划

中，有计划地解决安全技术中的重点问题，特别是一些关键性的项目，应从爆破设计、施工新技术或新工艺进行创新，有效地改进做好劳动保护、防止爆破工伤事故和职业病工作，从根本上保障爆破安全生产。

4.3.3.7　爆炸物品安全管理制度

民用爆炸物品的生产、销售、购买、运输、储存和使用在施行许可制的同时，还规定了全方位、全过程地安全管理制度。如爆炸物品信息管理系统规定爆炸物品进出库或退返库登记、备案制度，爆破器材物理化学性能测检制度、废旧和过期爆破器材销毁制度等。

4.3.3.8　工伤保险制度

工伤保险亦称职业伤害保险，是对爆破生产劳动过程中遭受人身伤害（包括事故伤残和职业病及其造成的死亡）的职工、遗属提供经济补偿的一种社会保险制度。

4.3.3.9　爆破工伤事故调查处理制度

对已发生的爆破伤亡事故，按规定及时报告、妥善处理和进行统计分析，及时、准确地掌握事故情况，从中探寻发生爆破事故的原因及其规律，总结教训。

4.3.3.10　爆破事故应急救援预案制度

事故应急救援预案是在爆破施工过程中，为了预防、预测和应急处理突发爆破事故而制订的救援计划。

思 考 题

1. 解释下列各词：爆破安全、危险、隐患、危害、事故。
2. 爆破安全管理的主要内容有哪些？
3. 爆破安全管理的主要方法有哪几种？
4. 爆破安全管理的原则是什么？
5. 简述爆破安全管理的主要原理。
6. 简述一般爆破安全管理机构和职责的内容。
7. 简述爆破安全管理体制。
8. 爆破安全管理的主要制度有哪些？

5 爆破施工安全管理

爆破施工安全管理是爆破安全管理的核心,是调控、防止一切潜在爆破隐患或事故的直接现场。因此,爆破施工安全管理的好坏直接反映了企业爆破安全生产与企业安全文化的水平。根据工程爆破施工工序运作机制,其爆破施工安全管理主要是爆破设计、凿岩和装药爆破与检查各阶段的安全管理工作,建立编制施工现场安全管理工作程序、安全生产管理目标和制度。

5.1 爆破安全评估

爆破安全评估是应用爆破和系统安全工程的原理和方法对爆破设计方案的科学性、安全可靠性及其资质条件进行分析评价。爆破安全评估的目的是为了实现良好的爆破生产效果和系统安全的可靠性。通过爆破安全评估,完善爆破设计方案,优化爆破参数,提高爆破生产质量和安全技术保障体系,规范爆破作业行为,以有效地预防、控制爆破风险,保证爆破安全生产。

爆破安全评估是预测、控制和防止爆破事故或危害影响地重要手段,实现了从设计、施工全过程进行系统安全控制,为实现爆破安全技术和安全管理标准化、科学化创造条件。

5.1.1 爆破安全评估的对象

根据《民用爆炸物品安全管理条例》和《爆破安全规程》规定,需要进行安全评估的对象是:须经公安机关审批的爆破作业项目,提交申请前,均应进行爆破安全评估。

经安全评估通过的爆破设计,爆破施工时不得任意更改。经安全评估否定的爆破设计文件,应重新编写,重新评估。爆破施工中如发现实际情况与原资料不符,需修改原设计文件时,对重大修改部分应重新上报评估。

5.1.2 爆破安全评估的资质与依据

爆破安全评估属于安全生产中介服务范畴,依照国家法律、法规和执业准则,应通过招标或邀标等方式,推荐聘请独立的第三方评估机构接受政府或建设单位的委托,进行社会化、专业化安全评价,提供科学、客观、公正、透明的爆破安全评估报告。

5.1.2.1　爆破安全评估的资质条件

爆破安全评估的资质条件包括：

（1）依法设立的具有独立法人资格的第三方评估机制。

（2）具有国家颁发的工商营业执照、法定资质和《爆破作业单位许可证》。

（3）爆破安全评估单位和评估人员应具有相应的《爆破安全作业证》的作业资质等级与资格范围条件。

5.1.2.2　爆破安全评估的依据

爆破安全评估的依据主要是国家现行法律、法规和各省、市、自治区、行业等出台的相关标准、办法以及爆破现场文件和技术标准等，包括：

（1）《安全生产法》。

（2）《民用爆炸物品安全管理条例》。

（3）《爆破安全规程》。

（4）《爆破作业项目管理要求》。

（5）《爆破作业单位资质条件和管理要求》。

（6）工程爆破项目设计方案及施工组织设计。

（7）工程爆破项目立项批文或有关文件。

（8）建设单位与安全评估单位签订的爆破安全评估合同。

（9）爆破环境现场勘察资料。

（10）其他有关资料。

其中的法规细化了具有强制性法律效力的安全评估工作的依据，也为其提供了具体参考。

5.1.3　爆破安全评估的原则与内容

5.1.3.1　安全评估的原则

爆破安全评估工作是以评估对象的具体状况为基础，以国家爆破安全生产法规及有关方针政策和爆破设计、施工技术标准为依据，以科学的态度进行针对性评估，确保评估流程规范有序，评估过程客观公正，确保评估工作的公信力。因此，在评估过程中，必须遵循"科学、客观、公正、实用"的原则：

（1）科学性。安全评估单位是技术密集型的评估机构，人员素质高，知识结构良好，具有系统的爆破理论技术知识和丰富的实践经验。运用科学理论方法，以法规、技术标准为依据，按照规范的评估程序、评估标准和评估办法，对评估对象的技术、经济上的合理性与安全上的可靠性进行分析计算、预测和调控评价，提供科学合理的爆破安全评估报告。

（2）客观、公正性。安全评估单位是依法设立的独立的第三方评估机构，必须独立地根据法规、技术标准与合同文件，坚持分级管理，分级评估，坚持客观、公开、公平、公正的原则，拒受任何干扰源的影响，确保评估公信力，实事求是地提供科学、公允、诚信的安全评估服务。

（3）实用性。实用性是安全评估针对性效力的反映。针对安全评估对象的特征和评估重心，按照爆破设计施工技术标准、规范，科学认真地进行安全评估，提供针对性、实用性强的安全评估报告，对其真实性、准确性负责，并承担连带法律责任。

5.1.3.2 安全评估的内容

根据国家法律、法规和有关标准规定，爆破安全评估的内容包括：

（1）安全评估资料是否完整可靠。

（2）爆破作业单位资质和工程爆破项目的等级是否符合规定。

（3）爆破设计方案的科学性及其爆破参数计算选择的合理性。

（4）爆破网路设计的准确可靠性。

（5）爆破安全保障体系的有效性，采取的安全技术措施能否有效地控制爆破有害效应及其影响范围，爆破环境是否安全环保。

（6）爆破事故应急预案是否适当。

（7）爆破安全管理机制的科学有效性。

5.1.4 爆破安全评估报告

根据爆破安全评估专家组会议讨论意见，评估单位提供内容科学、公正、实用、可靠的爆破安全评估报告。评估报告的主要内容包括：

（1）评估工程概况：简述评估工程名称、地址、爆破介质特性、施工工期、爆破规模与要求、爆破方法和爆破器材消耗等。

（2）评估依据。

（3）评估原则和程序。

（4）评估目的与内容。

爆破安全评估的目的是贯彻执行"安全第一，预防为主"的方针。通过对爆破设计方案及施工组织设计文件质量和安全保障体系的审查评价，预测和调控爆破隐患、事故或有害因素的影响，降低爆破风险，预防爆破事故发生，保证爆破施工质量与生产安全。从而提高企业爆破技术与安全管理水平，并为政府有关部门审批或民事纠纷提供依据。

（5）评估结论。评估结论是爆破安全评估报告的核心内容，是对爆破设计文件正确性的终结评审意见，也是爆破施工规划、质量保证体系和安全保障体系实施的依据。根据工程实践，一般爆破安全评估结论应包括如下几点内容：

1）爆破工程等级。

2）爆破施工单位和作业人员相应的资质资格条件是否符合规定。

3）爆破设计方案的科学性、爆破技术的可行性、安全上的可靠性和经济上的合理性评价。

4）爆破网路的科学性、准爆性评价。

5）爆破质量保证体系和安全技术保障体系的可行性、有效性评价或其调整与控制。

6）爆破设计方案的修正或建议。

（6）安全评估机构和评估人员。

（7）有关问题说明，其中包括：

1）评估报告使用范围。

2）评估报告有效期。

3）附件：

①爆破设计方案及施工组织设计。

②依法签订的爆破安全评估合同和爆破施工合同。

③资质资格或证件复印件。

④其他有关文件材料。

5.2　爆破安全监理

工程监理制度是建设工程项目实施过程中的一种科学的安全管理模式，目前已形成国际惯例。近年来，我国也在工程爆破项目中实施爆破安全监理，倡导应用先进的工程项目管理方法，对提高爆破安全管理水平，保障爆破安全生产具有重要意义。

5.2.1　爆破安全监理概述

5.2.1.1　监理的含义

监理是对建设工程项目的施工过程进行全方位的监督和管理，通常称为建设监理，亦称"工程监理"。建设监理按社会属性划分有政府监理和社会监理之分。政府监理的特点是执法性、全面性、客观性和强制性，其依据是国家的建设法规、规范和标准。政府监理的对象是建设单位、设计单位、施工单位与监理单位的行为，以及工程建设项目的主要环节和主要方面。社会监理的特点是微观、受委托、专业化和独立性，其依据是国家的建设法规、规范、技术标准和依法成立的合同文件。社会监理的业务范围、深度以委托合同中商定的内容为准。爆破安全监理具有社会监理的特征。

建设监理（工程监理）是针对工程项目建设实施的监督管理活动，按其工作内容可划分为全过程监理和阶段监理两种，抑或根据业主委托进行多目标监理和单目标监理等。

5.2.1.2 爆破安全监理控制流程

爆破安全监理属于施工阶段以安全为主要目标的单目标监理。爆破安全监理的目的是监督控制和协调在爆破设计施工工序预定的质量、进度、安全目标内规范施工，保证工程爆破项目系统安全生产。

爆破安全监理的性质是服务性、公正独立性和科学性。监理单位受建设单位委托，独立于业主和承包商（施工方），以"公正的第三方"的地位从事独立性、社会化、专业化地工程监理服务活动。监理单位和监理人员应按照"守法、诚信、公正、科学"的执业道德准则，厉行"严格监理，热情服务，秉公办事，一丝不苟"的监理原则，认真执行有关施工监理的法规、政策、规范和制度，努力做好工程监理的工作。

爆破安全监理的基本方法是控制、管理和协调，其控制流程如图 5-1 所示。

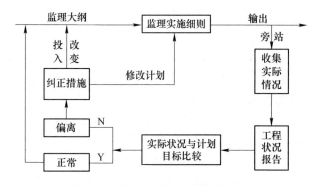

图 5-1 爆破安全监理控制流程图

爆破安全监理过程中，通过控制、协调和管理，实现监理工程师在爆破施工全过程中的"三控、两管"目标。即对工程进度控制、工程质量控制和工程投资控制，以及进行合同管理与信息管理。如对施工系统的重要工序或敏感部位实行旁站监督管理；及时调整爆破质量保证体系或爆破安全技术保障体系等，做好爆破安全监理。

5.2.2 爆破安全监理的基本要求

爆破安全监理单位是独立的第三方中介服务机构，一般通过招标或邀标推荐聘请方式接受建设单位委托，为其提供独立性、社会化、专业化的爆破安全监理服务工作。根据《建设工程监理规范》和《工程监理企业资质管理规程》等法规要求，爆破安全监理的基本要求包括：

（1）依法设立的具有独立法人资格的第三方爆破监理单位。

（2）具有国家颁发的工商营业执照、法定资质和"爆破作业单位许可证"。

（3）爆破监理工程师应当具有相应的"爆破安全作业证"作业资格等级与

范围条件。

（4）爆破监理工程师应严格遵守"守法、诚信、公正、科学"的执业道德准则。

（5）爆破监理工程师应严格贯彻执行国家法律、法规、标准、规范、规程和制度，厉行合同规定的义务和职责。

（6）爆破监理工程师要努力学习专业技术和建设监理知识，不断提高业务技能和监理水平。

（7）爆破监理工程师应坚持独立自主地开展工作，公正维护建设单位和施工单位的合法权益。

（8）爆破监理工程师应保守所监理工程各方认为需要保密的事项。

（9）爆破监理工程师不以个人名义从事监理业务。

5.2.3　爆破安全监理的依据和内容

5.2.3.1　爆破安全监理的依据

爆破安全监理的依据包括：

（1）国家的法律、法规、技术标准、规范和规程等。如《建筑法》、《安全生产法》、《合同法》、《标准法》、《民用爆炸物品安全管理条例》、《爆破安全规程》、《建设工程监理规范》、《爆破作业项目管理要求》等。

（2）建设单位委托监理合同、施工承包合同及其相关资料。如依法签订的业主委托监理合同、爆破施工承包合同（其中监理工程师的职责和权利，应与监理合同一致，否则，应通过业主做出补充条款，以利于合同执行）、爆破安全评估报告、国家机关批文等。

根据《爆破安全规程》规定，经公安机关审批的爆破作业项目，实施爆破作业时，应进行安全监理。

5.2.3.2　爆破安全监理的内容

根据《建设工程监理规范》、《爆破安全规程》、《爆破作业项目管理要求》等法规、标准及规范之规定，爆破安全监理的内容是用专业化的监理机制，检查、监督、控制、协调和管理，即：

（1）建立监理机构，编制《爆破监理大纲》与《监理实施细则》。根据工程爆破项目规模、性质特征，建立爆破施工现场监理机构，配备相应的总监理工程师或监理工程师、监理员与监测设施。在熟悉工程爆破项目设计文件、环境条件和监理合同规定要求的同时，及时依据《爆破安全规程》等法规、规范和标准，针对性地编制《爆破监理大纲》和《爆破监理实施细则》，制定各项监理工作程序，制订统一的监理记录、图表、通知、指令等格式备用。

（2）审查、监督施工单位施工准备条件，发布开工令。

1）检查施工单位申报爆破作业的程序，对不符合批准程序的爆破工程，有权停止其爆破作业，并向业主和有关部门报告。

2）检查施工单位作业人员的资格条件，制止无证人员从事爆破作业，发现不适合连续从事爆破作业的，督促施工单位收回其《安全作业证》。

3）审查施工单位进场施工机械能力。

4）审查施工单位提交的施工组织方案、质量保证体系和安全技术保障体系，落实技术操作规范与措施。

5）施工单位的施工准备就绪，发布开工令。

（3）监督施工单位按评估的爆破设计方案规范操作，文明施工。禁止违规作业和违章指挥，否则，有权停止其爆破作业，并向业主和有关部门报告。

（4）控制主要是施工质量控制和安全生产控制与进度控制。监督、检查施工单位作业人员遵循质量保证体系和安全技术保障体系，严格按设计目标规范操作施工：

1）严格执行质量控制程序，做到开工有报告，工序完成有自检，工序交接有签认，中间交工和竣工有检查验收。

2）爆破质量控制和安全生产控制主要是炮孔方位、钻孔、装药、填塞和爆破网路连接的质量与安全监督、检查和旁站。监督作业人员按设计方案、技术标准、操作规范施工，发现质量和安全隐患或问题，及时纠正，保证爆破网路的准爆性、爆破质量及爆破公害的控制。

3）监督施工单位使用爆破器材的质量检测与试验，检查其遵守爆破信息管理系统的情况。

4）施工进度控制是审查施工进度计划各工序的合理性、可靠性，是否按设计施工方案和施工方法施工，跟踪监察实际进度与计划是否相符。发现问题及时与业主和施工单位协商，提出调整控制进度的计划和措施，并经业主批准后完成其调控。

（5）管理是根据监理合同授权，对施工合同进行全面管理，如工程变更、争端与仲裁的审核和协调。

（6）爆破警戒和爆后检查。

1）参与装药、爆破前安全警戒部署会议，检查警戒范围、音视信号联络和安民告示等是否符合规定。

2）监督检查爆破指挥部起爆命令程序、爆后检查人员与进入现场检查等待时间是否符合规定。

3）监督检查爆破质量效果是否达到设计要求。

4）监督检查是否产生盲炮或爆破公害与事故，如有发生，监督施工单位及时上报，按规定规范处理。

5）参与事故调查、分析和验收。同时积极协调相关部门，及时启动安全技术保障体系，做好安全防护工作。

（7）竣工验收。工程结束时，监理机构应协助业主进行工程竣工验收和质量、安全评定工作。

（8）爆破安全监理总结报告。爆破工程项目竣工后，监理工程师编写提交爆破安全监理总结报告，经总监理工程师审核签字后，报送建设单位和政府主管部门。监理总结报告内容一般包括：

1）工程概况。

2）监理组织机构与设施。

3）监理内容及效果。

4）工程质量、安全与技术经济分析评价。

5）施工过程中潜显问题调控及其处理情况和建议。

6）工程照片或影像。

爆破安全监理工作流程如图 5 - 2 所示。

5.2.4　爆破安全监理大纲与爆破监理实施细则

爆破安全监理大纲是安全监理工作的指导性文件，是安全监理工作的准则和依据。爆破监理实施细则是监理工作的具体工作方法、步骤与行为规范，用以对设计程序进行爆破安全监理。因此，按照《建设工程监理规范》等法规、规范和标准，针对性地编制爆破安全监理大纲与爆破监理实施细则。

5.2.4.1　爆破安全监理大纲

爆破安全监理大纲的主要内容包括：

（1）监理工程概况。

（2）监理范围与目标。

（3）监理依据和内容。

（4）监理程序、方法和制度。

（5）监理组织机构及其设施。

5.2.4.2　爆破监理实施细则

根据《建设工程监理范围和规模标准规定》、《工程监理企业资质管理规程》等法规要求，按照爆破安全监理大纲，针对监理工程施工特点和各工序施工进度计划安排，编制监理实施细则。其主要内容包括：

（1）监理工程施工流程。

（2）编制依据。

（3）监理组织机构与运行机制。根据监理工程规模、施工特点和监理工作内容，建立相应的爆破安全监理机构，配备合格的监理人员和监测、检查设施。从而建立一个可控地检查、监督、控调、管理规范科学的监理运行机制。

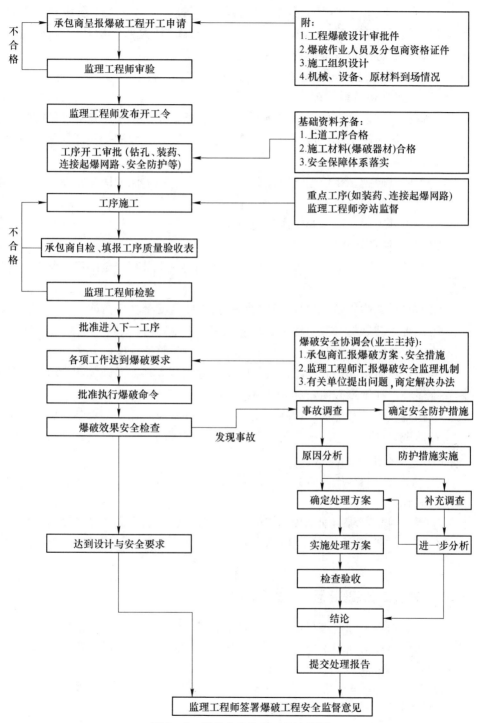

图 5－2　爆破安全监理工作流程图

（4）监理方法。根据工程爆破项目的施工准备阶段、施工阶段和完工验收阶段的三段式监理程序，其爆破安全监理的基本方法是监督检查、审核与签认、检测与试验、旁站、工地巡视、签发指令文件。

（5）监理内容。按监理程序，其监理内容应包括：

1）施工准备阶段监理，即：

①审查爆破设计文件、爆破施工单位申报爆破作业程序和施工人员资格。

②检查爆破施工单位现场施工条件、施工方案、资源配置和计划落实情况及进场机械设施能力。

③责成爆破施工单位建立质量保证体系和安全技术保障体系，建立各项安全生产规章制度。

④发布开工令，召开第一次工地会议。

2）施工阶段监理，即：

①对各工序现场进行检查、监督、旁站，发现质量和安全隐患或问题，及时纠正。

②监督检查凿岩钻孔放样、钻孔与验孔制度及安全扑尘措施。

③检查爆破器材来源、存放、质量检验、网路模拟试验（试爆）和安全管理制度；检查装药连线制度、爆破安全防护制度与警戒范围、方法。

④装药、填塞和爆破网路连接的监督、检查、旁站，保证装药、填塞质量和网路准爆性，杜绝爆破质量和安全事故。

⑤控制、管理和协调。即施工质量控制、进度控制、安全控制与爆破公害控制；按监理合同规定进行合同管理和信息管理；协调工程变更或技术措施变化与争端等，及时沟通、整改。

⑥起爆程序与爆后检查。发现爆破质量或盲炮事故，及时上报，调查分析、处理与验收。

⑦竣工验收。对监理工程总体爆破质量效果、安全生产、爆破器材消耗、管理和爆破事故处理或环境保护的分析评价，如果达到合同要求，即可验收、签字。

5.2.5　爆破安全监理记录、工地会议与报告

按照监理规范和监理程序，爆破安全监理应建立和保存完整的监理记录、图表、工地会议与指令、报告等资料，这是监理过程的重要基础工作，标志着工程监理的深度和质量。

5.2.5.1　监理记录

监理记录包括：

（1）监理工程师对各工序监理活动、决定、问题或环境条件记录。如工地

会议记录、钻孔放样或钻孔验收报验单、爆破器材与试验检测记录、装药加工、填塞质量与安全记录表、爆破网路质量与安全检测记录、工作指令、工程变更、中间交工证书、工程进度表、工程质量与安全检验单、监理月报、爆破施工大事记等或工程照片、影像记录资料等。

（2）监理日记。监理人员必须每天真实、确切、清楚、完整地记写监理日记。监理日记的内容为：日期、天气状况、工程部位、工程进度比较、施工人员与设施状态、文明施工、施工质量与安全状况、监测情况、存在的质量和安全问题及处理情况、对以往出现问题的复查情况等。

5.2.5.2 工地会议

工地会议是围绕施工现场问题而召开的会议。召开工地会议的目的是让监理工程师对爆破施工全过程的进度、质量、安全、环保等情况进行全面检查、协调和落实，使监理工作和施工活动密切配合。

工地会议的形式有第一次工地会议、工地会议和现场协调会议三种。各种工地会议的内容是监理工程师与建设方和施工方以固定形式，就爆破施工进度计划、施工准备、开工条件、监理程序或施工进度状态、质量和安全、施工环境等问题，进行讨论分析，形成统一意见或决定，以便及时沟通协调各方，有效实施相关技术措施。

工地会议由监理工程师主持，会议必须记录。第一次工地会议记录一旦被业主、监理工程师和承包人认可，则对各方均具约束力。

5.2.5.3 爆破安全监理主要表格

根据不同工程爆破项目特点，实际上常用的爆破专用表格有：

（1）爆破作业单位用表，包括：

1）工程开工审批表；

2）爆破设计方案核验表；

3）专项施工方案核验表；

4）爆破试验报审表；

5）爆破器材质量检查表；

6）爆破试验、爆破器材试验记录表；

7）爆破试验工序综合评定表；

8）工程检查验收表；

9）爆破工序综合评定表；

10）监理工程师通知回复单；

11）爆破工程安全问题报告单；

12）爆破工程安全问题技术处理方案报审表；

13）工程竣工报告单。

（2）爆破安全监理单位用表，包括：

1）爆破安全监理工程师通知单；

2）爆破安全监理工作联系单；

3）监理日记；

4）旁站监理记录。

5.2.5.4　监理档案

在施工合同执行期间，监理工程师与业主、承包人或指定联系人之间，有大量有关工程施工进度、质量和安全等问题的函件，以及监理记录、工地会议记录与指令、报表等文件。妥善保存这些资料，对解决工程质量和安全问题质证及合同的其他纠纷十分有利。因此，应将一切函件与记录等分类编号，归档保存。

5.3　爆破施工安全管理

爆破施工作业安全管理运作机制是根据工程爆破的类别、规模和目标，组织建立爆破安全生产管理计划。爆破企业或重大工程项目爆破施工安全管理运作机制，一般分为爆破设计阶段、凿岩阶段和装药爆破阶段与安全检查阶段的安全管理。

5.3.1　爆破设计安全管理

每一个工程爆破项目都必须进行爆破设计。该阶段的主要工作是工程资料搜集或现场勘查，编制工程爆破设计书（说明书）及其可行性论证或安全评估等。

爆破设计是工程爆破施工的指导性文件，各种类型的工程爆破项目均按其设计制订的不同爆破施工方案、工序、方法和进度，以及安全技术保障体系、质量检查与信息反馈体系进行施工与项目风险管理。根据工程爆破项目的性质特征，爆破设计可分为可行性研究设计、技术设计和施工图组织设计三个阶段。不同爆破设计阶段的设计编写内容深度不同，但其设计的基本原则是一样的，爆破设计方案必须体现技术的可行性、安全的可靠性、经济的合理性和爆破环境的环保性，因此，工程爆破设计书的主要内容要标准化及其参数优化。

工程爆破设计文件编制内容一般为工程概况、爆破方案选择、爆破参数计算、爆破网路设计、爆破安全设计、爆破施工组织、主要技术经济指标、爆破应急预案，以及必要的爆区环境平面图、爆破区域地质地形图、炮孔布置图、装药结构图、爆破网路图与安全防护施工图等。

诚然，爆破设计方案应通过两三个可行爆破方案的技术、安全、经济和环保的计算分析比较，最终选取最优爆破方案。

爆破设计阶段的安全管理工作主要是对工程爆破设计资料的完整性和可靠性、设计资质资格、设计安全责任检查管理，以及对工程爆破设计书进行专家可行性论证或爆破安全评估等。

5.3.2 凿岩工程安全管理

所谓凿岩是以爆破介质性质而选择相应凿岩机具进行钻孔的工作。工程爆破中常用的凿岩机械按其工作驱动力可分为风动凿岩机、液压凿岩机、内燃凿岩机、电动凿岩机和气液凿岩机五类；按凿岩机械工作原理分类，可分为冲击回转式、旋转碾压式和回转切削式凿岩机三类。如 YT28 气腿式风动凿岩机、YYG80型液压凿岩机、KQY90 型潜孔钻机、YZ35D 型牙轮钻机、CTC14B 型采矿钻车和CMJ12 型掘进钻车等。

凿岩机钻具主要包括钎头、钎杆、连接套和钎尾。钎头是凿岩机械的开路先锋工作元件，要求坚固、耐用、工作性能好。钎头形状一般有刀片钎头、球齿钎头、复合片齿钎头或柱齿钎头、牙轮钻头等。

凿岩钻孔是工程爆破的重要工序，其工作机械化程度高，并向自动化方向发展。因此，必须加强凿岩钻孔工作制度和安全管理检查。爆破工程技术人员和安全管理人员与爆破监理要认真检查凿岩机具的工作性能、炮孔方位及其凿岩钻孔过程中的岩性变化、炮孔测验与扑尘卫生标准，以便及时控制、调整凿岩工作制度，禁止打残孔或规范控调卡钎（钻）、断钎、孔壁坍塌和炮孔偏斜，保证炮孔质量和安全文明凿岩。

安全凿岩要确保作业人员与机具的安全，谨防凿岩机具或水、电管绳或钻屑伤人，尤其要注意钻机架设、开孔、吹洗炮孔或处理卡钻或断钎事故时的人身安全。

凿岩环保是企业文明的标志。凿岩过程中产生的油、气雾和大量粉尘与噪声，严重污染环境，影响作业人员的身心健康。粉尘是爆破生产过程中所产生的一切细微散状矿岩尘粒。粉尘分浮尘和落尘两种，能悬浮于空气中的粉尘为浮沉，沉落于物体表面的粉尘为落尘。粉尘能刺激、毒害人的皮肤、五官和呼吸健康，尤其是 $0.2 \sim 2.0 \mu m$ 粒度的凿岩粉尘对人体健康危害最大，硅肺病是常见的职业病。因此，除尘工作的重点是扑集和消除粒径 $5 \mu m$ 以下粉尘对环境的影响。我国卫生标准规定，工作面粉尘浓度不应超过 $2 mg/m^3$。因此，企业必须重视和加强爆破凿岩施工的职业卫生安全管理工作。

凿岩噪声对人的身心健康造成压力和不愉快感，常常引起头痛、头晕、失眠或精神紧张，干扰爆破环境和日常生活。我国《爆破安全规程》规定，噪声应控制在 120dB 以下。

为了保障人们的身心健康与爆破环境低碳，必须加强凿岩爆破规范施工和安全卫生监察管理，通过水（洒、冲、湿）、密（封）、护（个防）、管（理）、教（育）、查（稽）、创（新）等综合防护措施，认真执行凿岩爆破施工操作规范、制度和标准。严格按施工标准进行湿式凿岩、设置除尘装置（或工作间空气增压净化），或应用高性能的凿岩机具（如液压钻机）并要认真使用劳动保护用品，必要时可设置保护隔离屏障，规范文明施工，保证凿岩爆破施工安全。

5.3.3　装药爆破安全管理

装药爆破是工程爆破施工的关键工序，直接影响工程爆破的预期安全和质量效果。特点是施工要求技术性高、安全性高和操作规范性高。因此，装药爆破安全管理是爆破安全管理工作的中心。该阶段的安全管理一般是爆破器材管理及测检、装药、填塞、爆破网路连接、警戒和爆后检查等工作的安全管理。

爆破器材的存储、质量检测和领取使用，严格按照爆破信息管理系统和规定地点进行安全检查与监督。

装药连线前应有爆破工程技术人员进行技术交底，认真执行炮孔验收、装药连线制度和规范，安全管理人员和爆破监理要认真监察，按照孔位标签进行规范装药。保证起爆药包质量和孔中位置，防止拨、拉起爆药包管线、药包堵塞或违规处理；无论人工装药或机械化装药，装药现场禁止明火照明，注意杂散电流、静电和射频电等电效应的影响；炮孔有水时，应注意排水或增加爆破器材的抗（防）水性能安全；保证炮孔填塞长度和填塞质量要求，注意间隔装药的结构特性，禁止无填塞爆破。

爆破网路连接必须在爆区装药填塞工作全部完成和无关人员全部撤至安全地点之后，由有经验的爆破工程技术人员和爆破员规范标准操作，严格按爆破设计方式和网路连接制度施工。爆破网路连接安全主要是监督检查网路接头是否牢固、有无管线损伤、漏（错）接、打结（圈）或连接方向、方式和段别顺序是否正确，以及线路平整度、防水性能及安全防护措施等是否符合爆破设计要求，保证爆破网路按设计方式有序、准确、安全可靠地起爆。

爆破警戒是爆破安全的门户。根据《企业安全生产风险公告六条规定》(2014)规定，爆破前必须设置安全公告，制定爆破安全警戒方案，做好装药、起爆的安全警戒和起爆前后安全警戒监查工作。爆破警戒的安全管理必须严肃认真地执行《爆破安全规程》及施工操作规范，保证爆破警戒时段、范围、信号和岗位标准，确保爆破施工安全。

爆后检查是爆破安全严谨管理的标志，必须杜绝"大炮"一响，"疏"岗"观"场的不规范现象。按照规程、规范和标准，爆破后等待一定时间，检查人员才能进入爆破现场检查。爆破后检查的内容是查验爆区的爆破效果及可能存在的隐患、危害与危险因素、缺陷或事故。如确认有无拒爆现象、爆堆（体）形态是否稳定、有无飞石、危岩、危坡或渗漏透水、涌波、环境生态生物安全影响或冒顶、塌方、瓦斯（煤尘）突出，以及爆区附近主要保护对象是否安全等。

根据爆后检查结果，爆破指挥机构组织相应的爆破安全管理或后续工作。

对于重要的工程爆破项目，除了爆破设计和凿岩、爆破施工及爆后检查安全管理工作外，还应编制工程爆破施工安全管理分析总结报告。总结报告的主要内容是通过爆破过程的安全可靠性、爆破质量效果、经济效益和环境保护等总结分析，来评价爆破施工制度、爆破安全保障体系及其协调、控制机制和质量管理检查体系是否科学合理，怎样实现爆破施工安全目标管理及其施工安全管理与控制，以提高工程爆破施工的安全管理水平。

总之，为了保证爆破生产质量和安全，预防、控制爆破隐患或事故，必须按照爆破质量管理体系和安全保障系统标准，加强爆破施工安全管理。表5－1是爆破施工质量和安全检查验收表，可结合本单位具体情况制定实施。

表5－1　爆破施工质量安全检查验收表

序号	工序名称	检查内容	检查标准	检查单位					执行检查				
				钻爆队	技术部	工程部	质保部	业主	钻爆队	技术部	工程部	质保部	业主
1	凿岩准备	爆破区选择、爆破方案制定、机械设备安排	GB 6722—2014 GB J201—1983	H	H	H	H	H	H				
2	清理作业面	施工场地基本平整，无障碍物，机械进退场道路畅通无阻	钻车操作规程	O		W							
3	测量标定孔位及标高	凿岩作业面有明显标高标记、地形变化较大处增设标记	GB 50026—1993 设计方案	O	R		W						
4	凿岩	执行设计方案，炮孔网度、孔深、前排钻孔抵抗线合适，完工钻孔孔内清洁	设计方案 钻车操作规程	O									
5	移交爆破区	验收完工钻孔孔数、孔径、孔深，对不合格钻孔重新通孔、补孔	设计方案	H	R								
6	爆破准备	发放爆破通知书，火工材料的准备	设计方案、中华人民共和国民用爆炸物品管理条例	O	R								
7	装药及填塞	按爆破设计方案进行装药及填塞，严格掌握单孔装药量及填塞长度	GB 6722—2014	O	O		W						
8	网路连接	网路连接方式正确、合理、确保起爆网路准确可靠	GB 6722—2014	O	O								
9	爆破警戒	岗哨到位，人员及机械撤离至安全地带，升爆破信号旗，发报警信号	GB 6722—2014	O	O		W						

序号	工序名称	检 查 内 容	检查标准	检查单位					执行检查				
				钻爆队	技术部	工程部	质保部	业主	钻爆队	技术部	工程部	质保部	业主
10	起爆	确认无安全隐患、一切符合设计要求，发起爆信号	GB 6722—2014 设计方案	H	H		H	H					
11	检查爆破效果	有无哑炮，碎石飞散距离，危石处理，爆破块度及堆高，对周围环境的影响	GB 6722—2014 GB 13549—1992	R	R	W	O	W					
12	解除警报恢复工作	发出解除报警信号，撤除岗哨，恢复正常工作	GB 6722—2014	O	O	O							

注：H—停工待检点；W—见证点；O—检查点；R—记录报告点。

思 考 题

1. 一般爆破工程分为哪几级？各级是如何划分的？
2. 爆破安全评估的对象包括哪些？
3. 爆破安全评估机构应具备什么资质条件？
4. 爆破安全评估包括哪些内容？
5. 什么是爆破安全监理？简述爆破安全监理的主要内容。
6. 简述爆破施工过程中，对凿岩、装药、填塞、网路连接、起爆和警戒等工序的安全管理规定。
7. 爆后安全检查包括哪些内容？
8. 简述爆破粉尘的危害及其安全管理技术措施。

6 爆破企业安全文化

·▷▷▷▷▷▷▷▷▷▷▷▷▷▷▷▷▷▷▷▷▷▷▷▷▷▷▷▷▷▷▷▷▷▷▷▷▷▷

6.1 爆破企业安全文化的基本概念

6.1.1 文化的概念

6.1.1.1 文化的定义

文化是民族之魂，文化亦是一个企业价值与形象的展现。因此，在定义安全文化之前，首先要明确文化的概念。文化的含义阔广，从不同的角度、不同的领域或不同的应用目的，对文化的认识或定义是不同的。在安全生产领域，一般从广义概念来理解文化的含义。文化不仅仅是通常观念上的"知识"、"学历"、"文艺"、"文学"或"学问"的影像，就广义的概念而论，文化是人类活动所创造的精神、物质的总和。它既概括了文化的精神、观念形态等主观内涵，也反映了行为、环境、物态等文化物质内容的客观存在。所以文化是精神、知识与智能的行为展现，亦即把确立的观念、积累的知识、练就的技能、培养的才智等释放出来。

6.1.1.2 安全文化的概念

安全文化是人类生活和生产活动过程中主观与客观存在的。近10年来，为了发展建设安全文化，保障人类安康生活和安全生产而提供精神动力、智力支持、良好的人文氛围和物态环境，安全文化的发展体现出社会性、科学性、大众性和实践性。已由17世纪前古代安全文化之被动承受型的宿命论观念，经20世纪初近代安全文化亡羊补牢型的经验论向现代安全文化发展，现代安全文化的主要特征是预防型的人－机－环系统对策。

发展的安全文化同样有广义与狭义概念之说。纵观安全文化的范围与内容，一般认为，安全文化是人类在生产、生活活动中所创造的安全精神财富和安全物质财富的总和。安全文化的定义强调了人文素质的特点，要提高人的安全素质需要综合的系统工程。

6.1.1.3 爆破企业安全文化的概念

由安全文化概念可知，爆破企业安全文化是企业、职工在爆破生产活动中所创造的安全生产、安全生活的精神、观念、行为与物态的集合。爆破企业安全文化强调人的安全素质，以企业爆破安全生产和事故预防为主要目标。它是企业在长期爆破安全生产经营活动中形成的，为全体职工接受和遵循的具有企业特色的爆破企业安全文化，展现了爆破企业的整体形象、素质水平、智能与美誉度。

爆破企业安全文化包括爆破安全物质文化、爆破安全制度文化、爆破安全知识文化、爆破安全价值文化等。爆破安全物质文化即为保护职工身心安全与健康而创造的安全而舒适的爆破生产、工作条件与生活环境；爆破安全制度文化即爆破安全管理机制、安全规章制度、安全规程标准与安全行为规范等；爆破安全知识文化即爆破安全思想和意识、安全科学、安全技术、职业卫生知识、安全审美与安全文学艺术等；爆破安全价值文化即职工的安全价值观、安全审美观、安全作风和态度、安全心理素质，以及企业的安全氛围，安全奋斗目标和进取精神等。

6.1.2 爆破企业安全文化体系

爆破企业安全文化建设是近年来安全科学领域新兴的一项企业安全生产保障新对策，是安全系统工程和现代安全管理的一种新思想、新策略，也是企业预防爆破事故的重要基础工作。安全文化是一个大的概念，它包含的对象、领域、范围广泛。爆破企业安全文化是安全文化的重要组成部分，爆破企业安全文化主要关心的是企业爆破安全生产的安全文化建设。

6.1.2.1 爆破企业安全文化的形态体系

从文化的形态来说，爆破企业安全文化的范畴包括企业爆破安全观念文化、安全行为文化、安全管理文化和安全物态文化。爆破安全观念文化是爆破企业安全文化的精神层次，爆破安全行为文化和安全管理文化是爆破企业安全文化的制度层次，爆破安全物态文化是爆破企业安全文化的物质层次。

A 爆破安全观念文化

爆破安全观念文化主要是企业决策者和职工群体共同接受爆破安全意识、安全理念与安全价值标准的展现。爆破安全观念文化是爆破企业安全文化的核心和灵魂，是形成和提高爆破安全行为文化、安全管理文化和安全物态文化的基础与动因。目前我们需要建立的爆破安全观念文化是：安全第一的观念；预防为主的观念；安全就是效益的观念；安全也是生产力的观念；安全性是生活质量的观念；爆破风险最小化的观念；最适安全性的观念；爆破安全超前的观念；爆破安全管理科学化的观念。同时还要有爆破生产过程中自我保护的意识、保险防范的意识和防患于未然的意识等。

B 爆破安全行为文化

爆破安全行为文化是在安全观念文化指导下，人们在爆破生产和生活过程中的安全思维方式、举动（行为）准则与举动模式的表现。爆破行为文化既是观念文化的反映，同时又能动地作用和改变观念文化。现代爆破企业需要发展的安全行为文化是：进行科学的爆破安全思维；强化有效的高质量的安全教育；严格执行爆破安全规范；进行科学的安全领导；进行合理的爆破安全操作、掌握必要的应急自救技能等。

C 爆破安全管理文化

爆破安全管理文化是对爆破企业（或社会组织）和组织人员的行为产生的规范性、约束性影响和作用的文化。它集中体现观念文化和物质文化对领导和职工群体的要求，是爆破企业行为文化的重要部分。爆破安全管理文化的建设包括建立爆破法制观念、强化法律意识、端正法制态度、科学地制定爆破安全法规、标准和规章制度，严格地执法程序与自觉地守法行为等。同时，要实时地完善爆破安全管理（制度）文化的约束机制，建立强化经济制约能力。

D 爆破安全物质文化

爆破安全物质文化是人们为保障其顺利进行爆破生产生活活动而需要的各种安全防护设施、工具、器材、仪表等物化条件。它是爆破安全文化发展的基础，是形成爆破安全观念文化和安全行为文化的条件，是爆破安全文化的呈现。所以说爆破安全物质文化是科学思想和审美意识的物化，是爆破安全文化发展历史与水平的标志，不同的安全物质代表了不同时期的爆破安全文化水平。从中可体现出企业领导或组织的安全意识和态度，反映出企业爆破安全管理的理念和哲学，折射出其安全行为文化成效。爆破企业生产过程中的安全物质文化体现在：

（1）爆破生产技术与生产工艺和人们的生活方式的本质安全性；

（2）生产生活活动中使用的爆破技术和工具等人造物以及与自然相适应的爆破安全装置、仪器、工具等物态本身的安全条件和安全可靠性。

6.1.2.2 爆破企业安全文化的对象体系

文化是针对具体的人来讲的，是针对某一特点对象的衡量。从对象的角度看，爆破企业安全文化的对象体系有：法人代表或企业决策者安全文化、企业生产各级领导（职能处室领导、车间主任、班组长等）安全文化、企业爆破安全专职人员安全文化、企业职工安全文化、职工家属安全文化五种。显然，对于不同的对象，所要求的安全文化内涵、层次、水平是不同的。例如企业法人的安全文化素质强调的是爆破安全观念、态度、爆破安全法规、管理知识与智能，对其爆破安全技能和安全操作知识并不强调。而是应该要建立安全第一的哲学观、尊重人的生命与健康的情感观、安全就是效益的经济观、预防为主的科学观等安全观念文化。爆破企业安全文化建设的体系如图 6-1 所示。

6.1.2.3 爆破企业安全文化的领域体系

安全文化的领域体系是指行业、地区或企业空间范围内的安全文化建设。就爆破企业安全文化领域体系来讲，由于生产方式、作业特点、人员素质、区域环境和管理机制等因素的差异，各企业爆破安全文化的内涵和特点的差异性及典型

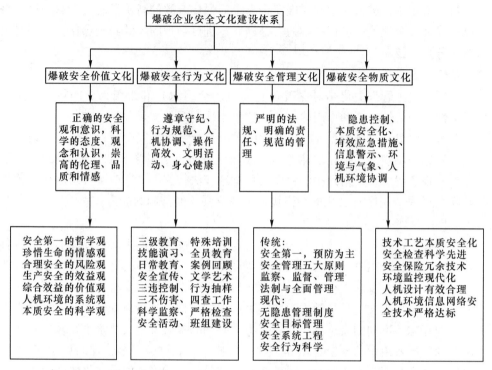

图 6-1 爆破企业安全文化建设体系图

性亦不同。因此，爆破企业安全文化的领域体系一般分为企业外部社会领域爆破安全文化和企业内部领域爆破安全文化。前者如社区、家庭、生活娱乐场所等方面的安全文化；后者如企业（工厂）、车间、岗位等领域的爆破安全文化。

6.1.3 爆破企业安全文化的功能

爆破企业安全文化是其整体形象及其人文安全素质的显现，是企业的旗帜，是企业形象、素质、水平、智能和美誉度的展示。爆破企业安全文化的核心是调动企业和员工的安全工作的主动性，突出对人的爆破安全管理，实现职业安全与健康，保证安全生产，防止各类风险与事故，尤其是杜绝重大恶性爆破事故，是企业员工爆破安全文化建设追求的共同目标。

爆破企业在生产和生活过程中，保障爆破安全的因素很多，如人-机-环境系统中，人的爆破安全意识、态度、知识、技能、行为等；物的生产设备、设施、器材、仪表等的安全状态；生产安全可靠性、准爆性；安全管理制度的有效性、规范性等；以及环境生态条件的安全状态等。爆破企业精神文化生活以一定的物质条件为基础，同时又对物质文明产生巨大的反作用，此即爆破企业安全文化功能的重要方面，即经济与文化一体化的发展趋势，这就是文化力，就是靠爆破企业安全文化这个力来塑造企业形象，来传播企业声誉，来提高企业素质。爆破企业安全文化是多功能的，每一个功能都蕴含着极其丰富而复杂的物质内容。在爆破安全生产方面搞得好的企业来看，爆破企业安全文化确实具备了一些基本功能。

6.1.3.1 表率功能

爆破企业安全文化，特别是优秀的爆破企业安全文化既是一扇窗口，又是一面旗帜，展示了企业高尚的精神风范，树立良好的企业形象，显现一个企业生产经营科学化、专业化、规范化的水平，以及企业与职工群众的整体优秀素质。为其他爆破企业或行业树立榜样。从而提高企业的市场竞争力、社会知名度和信誉度，增强企业的生产效能，促进企业生产力向前发展。

爆破企业安全文化能把企业与职工群体的安全价值观念、心理情感融为一体，强化了人的行为安全意识，提高了企业的凝聚力，使企业决策者、管理者和职工群众团结一致，通过多方面、多渠道的方式培育正确的安全价值观，共同致力于实现爆破安全物质文化目标。

6.1.3.2 规范功能

爆破企业安全文化包括有形的和无形的爆破安全制度文化，其规范功能是通过强化政府行政的安全责任意识，约束其审批权；通过爆破安全管理文化建设，提高企业决策者的爆破安全管理能力和水平，规范其管理行为；通过制度文化建设，约束规范职工的安全生产施工行为，消除违章现象。

国家的法律、法规条文，企业爆破规章制度、管理约束机制、办法和环境设施状况等有形安全制度文化，在企业爆破生产经营活动中，对企业、职工和群众的思想、行为以及环境设施进行安全规范和约束或教育、惩处，以形成自觉的行为约束力。同时，企业、职工的观念、认识和职业道德等无形安全制度文化，同样形成一种自觉的约束力。从而规范企业、职工的思想、行为和环境设施状况，使企业生产关系达到和谐统一，维护和确保企业、职工群体的共同利益，推动企业生产力发展进步。

6.1.3.3 激励功能

就价值观而言，无论是企业还是职工群体均希望在社会中寻求其理想的存在价值、人生价值和地位。爆破企业安全文化就是通过爆破安全观念文化和安全行为文化建设，倡导"厂兴我荣，厂衰我耻"的价值观。激励企业每一个人安全行为的自觉性，使企业决策者对爆破安全生产投入足够的重视和积极的管理；使职工规范爆破安全生产操作，自觉遵章守纪。同时，要采取多方式、多渠道让职工参与爆破安全决策和管理，听取职工意见和建议。而且要表彰奖励优秀职工群体，及时教育、帮助、关爱、尊重受挫或过失职工。从而形成一种团结向上的气氛，充分激发、调动职工群体的积极性和创造性，共求生存，同谋发展，建设更高层次的爆破企业安全物质文化。

6.1.3.4　导向功能

导向功能是对人的爆破安全意识、观念、态度、行为的导教过程的作用。对于不同层次、不同生产或生活领域、不同社会责任和角色的人，爆破企业安全文化的导向功能既有共同之处，亦有不同方面。如对于爆破安全生产的意识和态度，无论什么岗位的人都应是一致的；而对于爆破安全生产的观念和具体行为方式，则会随具体的层次、责任、角色和环境不同而异。

优秀的爆破企业安全文化影响、渗透到企业爆破生产经营管理之中，有利于统一企业经营者、职工群体的爆破安全生产理念认识，有利于明确企业爆破生产经营发展的目标。建立完善的爆破安全生产规章制度和约束机制，使企业爆破安全生产管理规范化、科学化。同时，培育企业经营者和职工群体的安全理念和共同的价值取向，统一、规范其思想、行为，顺利实现企业爆破安全生产目标。

爆破企业安全文化的上述功能对保障爆破安全生产的作用越来越明显，对于从事高空、高温、瓦斯粉尘、矿业开采或爆破器材生产、加工、使用的高危行业之现代企业，面临许多爆破安全生产与环境生态保护问题。爆破安全科学技术的发展进步史程证明，保障企业爆破安全生产的方法：

（1）靠爆破安全技术手段（物化的条件）；

（2）在爆破安全技术达标的条件下，进一步提高爆破生产系统安全性，需要爆破安全管理的力量，要加强爆破安全管理的力度，制定应用爆破安全法规；

（3）在上述前提下，需要通过爆破企业安全文化建设，强化企业和职工群体的教育学习、确立正确的爆破生产安全意识，端正安全态度，开发安全生产觉悟和安全智慧，促进企业发展。

6.2　爆破企业安全文化建设

爆破企业安全文化建设就是要在企业的一切爆破生产经营活动过程中，形成一个强大的安全文化氛围，以新的策略和方法实现企业爆破安全生产和安全生存。爆破企业安全文化建设，就是要企业、职工学习知识和技能，端正、确立正确的安全意识、观念、态度和道德，同时还要重视塑造人的行为、技术工艺、生产设施、安全装置、环境等外在物态条件，从而造就具有完善的心理素质，科学的思维方式、高尚的行为取向和文明生产活动秩序的现代爆破企业人，使企业内的每个成员在正确的安全观念支配下，在安全化的环境中高度自觉地按照爆破安全制度、准则规范自己的行为，有效地保护自己和他人的安全与健康，确保企业爆破安全生产活动的顺利进行。

6.2.1　爆破企业安全文化建设的内容

爆破企业安全文化是多层次的复合体，内容广泛，但其核心内容是企业、职工群体的爆破安全观念、安全意识、安全态度和爆破安全生产生活的行为准则与方式。因此，爆破企业安全文化建设的主要内容是爆破安全物质文化、管理（制度）文化、知识文化、价值文化。爆破企业安全文化是以人为本，倡导高尚的安全观念、道德、规范和博爱，以"灵性管理"为中心，以职工爆破安全文化素质为基础所形成的群体和企业的安全价值观（即生产与人的价值在安全取向上的统一）和安全行为规范，表现于职工对爆破安全生产的态度和敬业精神。

6.2.1.1　爆破安全物质文化建设

爆破安全物质文化建设的目标是实现机、物、环境系统的本质安全化，确保企业爆破生产生活活动安全。进行爆破安全物质文化建设，需要依靠企业的技术进步、改造与创新，不断提高爆破生产系统本质安全化程度，主要包括以下三个方面。

（1）爆破生产工艺过程本质安全化。爆破生产工艺过程主要是爆破生产、操作、质量等方面的控制过程。工艺过程本质安全化应做到：操作者不仅要了解爆破生产工艺过程、特点，还要正确地控制好布孔、凿岩、验孔、装药、爆破网路连接、检查等工艺要求，必须有严格的工艺标准规范和安全技术管理制度；企业应建立健全落实科室和专人负责日常工艺过程管理工作；认真监督、检查爆破操作规程、制度和工艺规范的执行情况。

（2）生产设备控制过程的本质安全化。应当加强对爆破生产设备、安全防护设施的管理，主要内容有：从设备的选择、订货等都要考虑其防护能力、有效性、可靠性和稳定性；要大力推广和研发应用爆破安全新技术、新产品、新设施与先进的安全检测设备；认真执行设备的"正确使用、精心维护、科学检修、技术攻关、革新改造"的同时，还要抓好设备、工艺、电气的连锁和静止设备的安全保护措施。

（3）整体爆破生产环境的本质安全化。主要是创造安全、良好的爆破作业环境条件。

6.2.1.2　爆破安全管理文化的建设

爆破安全管理（制度）文化建设是指与物质、心态、行为规范安全文化相适应的爆破组织机构和规章制度的建立、实施及控制管理的总和。其主要内容包括：建立强健的企业爆破安全管理制度；建立完善企业爆破安全管理的各项基本法规和标准，并且高效地运作这些法规和标准，使其真正落实到安全生产中去。

6.2.1.3　爆破安全知识文化的建设

爆破安全知识文化是指职工对外部客观世界（爆破生产系统）和自身内心世界的认识能力的综合体现。其目的就是要提高职工的爆破安全意识和知识水平，是爆破安全文化中的知识层次文化。

爆破安全意识和安全知识来源于人们的爆破安全生产经验和爆破安全管理科

学知识相结合的实践，又反过来支配爆破安全生产的复杂心理过程。它是包括认识、情感和意志为基础的有机整体，从个体的爆破安全防护意识层次上分析，大致可归纳为三个层次，即应急、间接和超前的爆破安全保护意识与安全知识。

（1）爆破应急安全保护意识与安全知识：主要体现在当爆破事故以显性危害方式出现时，能对这种直接的爆破危害迅速察觉、避让和采取应急措施。这种应急保护意识是自发地、本能地快速反应，一般来说，职工的表现都比较强烈，但表现的正确与否和职工的爆破安全技术知识水平、安全素质的高低有很大关系。

（2）间接安全保护意识与安全知识：主要体现在当爆破危险因素以隐性的危害方式出现时，对间接的慢性伤害及其所造成的后果，一般来说，人们往往认识不清；对预防这种隐性的爆破危害应采取的防护、隔离等安全措施，须经过爆破安全知识教育与培训、危险识别能力的提高等方可逐步形成。

（3）超前安全保护意识与安全知识：主要体现在由于"爆破安全管理的缺陷"造成人的态度、情绪与不安全行为，需要采取预防与控制的手段。一般来说，人们在这方面的安全意识比较薄弱，对潜在爆破危险因素的洞察性、预防性和控制性都比较差。因此需要对企业职工进行爆破安全法制与安全管理方面的教育，掌握必要的爆破安全生产法规制度，以提高其识别"违章指挥"、"管理失误"的判断能力。

诚然，促使企业职工树立正确的爆破安全意识和掌握良好的爆破安全知识，最有效的手段是通过各种形式的宣传教育方法，进行学习、启蒙、渗透有关安全哲学、安全科学、爆破安全技术、安全知识、安全文学艺术等爆破企业安全文化，激发企业、职工对生命安全健康与安全生产的渴望，从而在根本上提高对安全的认识和安全知识水平，增强其应急、间接、超前安全保护意识和安全知识。

6.2.1.4　爆破安全价值观与安全行为规范文化的建设

职工爆破安全行为规范文化是指人的安全价值观和行为规范，公认的价值标准存在于人的内心，制约其行为，此即行为规范，其具体表现为道德、风俗、习惯等。安全道德就是企业、职工在爆破生产劳动过程中维护国家和他人利益、人与人之间共同劳动生产生活的行为准则和规范。

不良的安全道德行为，是企业伤亡安全事故高发的重要原因之一。对企业、职工劳动安全卫生构成最大、最直接的危害，甚至造成无可挽回的巨大损失。进行企业、职工的爆破安全行为规范文化建设，就是要提倡树立安全道德观，具体做法如下：

（1）树立集体主义的精神风貌。这是安全道德的基本原则，亦是企业、职工在爆破安全生产过程中体现出人与人之间的关系所必须遵循的根本指导原则。

（2）开展安全道德宣传工作。以各种形式展示人们优良的内心理念，环境氛围和企业社会舆论的力量，以加强安全道德的修养。

（3）进行安全道德教育，安全道德教育的目的是培养人们的安全道德情感，树立安全道德信念，加强社会公德、职业道德和个人品德建设。坚决执行由安全道德所引导的正确行为动机，以养成良好的自觉履行义务和责任的安全道德行为习惯。

爆破安全行为规范文化建设的目的是将人伦和道德有机地结合起来，使人人都能够自觉的按照安全道德的内容去做，把安全道德规范转化为人们的道德力量，从而有效地控制企业爆破伤亡事故的发生。

6.2.2 爆破企业安全文化的建设方法

爆破企业安全文化建设必须围绕企业安全文化各个层次的具体内容，采取各式各样的有效方法在广大职工群体中开展生动活泼的活动，以展现企业和职工群体的精神风貌，宣传、提高、推进本企业在爆破安全生产上独特的指导思想、经营哲学和宗旨，明确爆破安全生产的价值观、道德准则、文化传统和生活信念等。从而激励职工群体团结、好学、向上、创新的使命感，不断提高其人文素质，从根本上实现企业爆破安全生产。

爆破企业安全文化内容广泛，其建设方式方法多样，但基本核心内容一定要围绕着企业特点和生产经营、生产活动实践中的突出安全问题，实时地以近期爆破安全生产计划或有步骤、分阶段地按企业爆破安全生产中长期奋斗目标进行爆破企业安全文化建设。爆破企业安全文化建设要突出重点和时效性，特别要关注企业的爆破安全生产奋斗精神、企业的安全文明风貌、企业职工的安全意识、企业的安全与效益等方面体现出安全文化的素质和建立的宜人的安全文化氛围。根据国内外爆破企业安全文化建设的理论和有益的经验，爆破企业安全文化建设可采取如下几种方法。

6.2.2.1 爆破安全管理方法

爆破安全管理方法是采用行政管理手段、法制管理手段、经济管理手段等办法，推行现代爆破安全管理模式，建立科学、规范的爆破安全管理体系，使爆破企业安全管理规范化、系统化，并能持续改进，不断完善，促进爆破企业安全文化建设。

行政管理是指行业、企业内部行政和业务归口管理的办法。企业保证贯彻执行政府、行业的法规、条例、标准和企业爆破安全生产规章制度与操作规程。行政管理就是要充分运用爆破安全制度文化功能，规范职工行为，保障企业安全生产；法制管理手段是贯彻执行国家安全生产方面的法规、标准、政策、规章和制度等约束机制进行企业爆破安全管理的办法。例如宪法、企业法、劳动法、生产法、安全法、消防法、矿山安全法、职业病防治法、民用爆炸物品安全管理条例、爆破安全规程、工伤保险条例、建设工程安全生产管理条例等法规、标准和各行业（部门）制定的安全生产规章制度。爆破企业安全文化建设就是在企业爆破生产经营活动和安全生产过程中，充分利用这些有关爆破安全生产和工业卫生的安全管理机制与安全监督、监察等法制手段，以调节人、机、环境系统关系，规范企业职工的爆破安全生产行为，实现安全目标管理、安全行为管理和劳动安全卫生监督、监察，保证企业爆破生产安全。经济管理手段是应用经济学的技术和安全的理论与实践对爆破安全生产与安全经济效益进行管理的方法。例如应用安全经济的信息分析技术、安全—产出投资技术、事故经济损失计算技术、安全经济效益分析技术、安全经济管理技术、爆破安全风险评估技术等，对企业爆破生产经营和安全生产进行分析管理，使企业的爆破生产技术与安全技术有机结合，使经济处于良性的增长态势，保证爆破安全生产，劳动作业环境良好，实现企业以最小的安全投入取得最大的经济效益。

6.2.2.2　科学技术方法

依靠科技进步，强化安全科学的意义和观念、积极主动地应用发展爆破安全科学技术，推广先进技术和成果，不断提高企业爆破生产技术和安全技术水平，改善职工劳动条件和作业环境，实现生产过程的本质安全化。例如应用和发挥爆破安全控制技术，消除潜在爆破危险或危害；应用新技术、新工艺替代手工操作与笨重的体力劳动，改善劳动卫生环境条件，减少职业危害；采用现代防火防爆技术、消防技术、毫秒爆破技术和阻、断、隔、疏爆破安全技术措施以及能量、时间、距离控制等技术，以预防、减少爆破或火灾危害，保障人、机、环境协调运转，保证人与设备安全。总之，利用爆破企业安全文化的物质特性和物化了的技术、材料、设备和保护装置，维护企业爆破生产经营活动安全、健康卫生的运转。

6.2.2.3　教育方法

教育是传授知识育人的文化。爆破企业安全文化的教育方法就是用教育方式向企业、职工宣传教育国家的爆破安全生产方针、政策、法规、标准等安全生产生活和预防爆破事故的知识、态度、传递生产安全技术效能和社会经验，不断地学习、提高、升华其安全科学技术水准和安全精神，培养、造就企业高素质人才，以适应爆破安全科学技术的进步和现代爆破安全生产管理的需要。例如新职人员的职业安全知识、爆破规章制度的培训教育，特殊工种资质（如持证上岗）培训教育；企业决策者、各级生产经营管理人员、安全主管人员的任职资格教育，爆破安全法规、标准及企业工作场所潜在风险告知；爆破安全科普、安全文化知识与职工家属安全文化教育等。总之，爆破企业安全文化建设的教育方法，就是通过各种形式的宣传教育形式和方法，使企业职工树立正确的安全观念、安全态度、意识和应急反应能力，具有良好的爆破安全生产技术和安全行为规范素质，达到真正安全与健康的状态。

6.2.2.4 文学艺术方法

文学艺术方法就是用安全文学（小说、成语、散文、诗歌等）和安全文艺（歌舞、小品、相声、曲艺、漫画等）的方式进行寓教于乐的安全文化建设。该办法是以爆破安全生产为主题，通过群众喜闻乐见、生动有趣、理于言表、寓意深刻的安全文学艺术宣传教育，使企业职工了解、学习识别爆破安全生产知识、安全标示、安全行为和技术，以笑的力量唤起职工的爆破安全警觉和注意，预防和控制某些爆破安全生产隐患，从而提高职工的爆破安全文化意识和素质，保护职工的身心安全与健康。

特别应注意的是倡导和弘扬爆破企业安全文化，要结合当代爆破安全文化的最新成果，依靠爆破安全科学技术的普及与创新，不断提高企业、职工的安全意识和安全素质，是建设爆破企业安全文化的最佳途径。从更广阔的视野看，为开拓我国爆破安全生产新纪元重大战略的发展，组建相应的爆破安全文化促进会、爆破安全文化研究联盟、安全文化研究基金等系统，可以推进、推广爆破企业安全文化建设模式。如中国爆破协会组织制定的中国工程爆破行业中长期科学和技术发展规划、爆破安全规程、爆破技术产、学、研科技联盟、爆破行业协会联谊会和爆破工程技术人员培训教育规划、爆破专业研究生学术沙龙等计划活动，有力地推动、提高了我国爆破技术的进步和安全管理机制与爆破企业安全文化建设。

6.3　爆破企业安全文化的建设实践

爆破企业安全文化的建设只有通过实践才能得予实现。在爆破企业安全文化建设中，鉴于企业安全文化的广泛性，尤其是不同地域爆破企业生产经营性质、特点和规模状态等的不同，从普通意义上讲，目前爆破企业安全文化的建设实践方式各样。

6.3.1　爆破企业决策者及管理层的安全文化建设

爆破企业安全文化的建设实践中，有结合运用传统有效的全面爆破安全管理、责任制、三同时、监督制、定期检查制、有效的行政管理机制或常规的经济等手段进行爆破企业安全文化建设；或通过推行现代的三同步原则、三负责制、意识和管理素质教育、目标管理法、无隐患管理法、系统科学管理、人－机－环境设计、系统安全评价、爆破应急预案对策、事故保险对策、三因（人－机－环境）安全检查等手段进行爆破企业决策者安全文化建设。

6.3.2　班组及职工的爆破安全文化建设

在班组及职工的爆破安全文化建设方面，常常通过运用传统有效的爆破企业安全文化建设手段进行其安全文化建设，如：三级教育、特殊教育、日常教育、全员教育、持证上岗、班前安全活动、标准化岗位和班组建设、技能演练、定置管理等；对于大型爆破企业，通过推行现代的企业安全文化建设手段进行班组及职工的安全文化建设，如：三群（群策、群力、群管）对策、爆破安全施工比赛、班组建小家活动、绿色工程建设、爆破事故判定技术、危险预知活动、风险抵押制、家属安全教育、仿真（爆破应急）演练、评先活动等。

6.3.3　爆破生产施工安全文化建设

在爆破生产施工现场的安全文化建设中，同样，有应用传统的安全标语（旗）、安全标志（禁止、警告、指令标志）、事故警示牌等手段进行爆破企业安全文化建设；有推行现代爆破技术及工艺安全化、现场"三标（钻、装、连线）"建设、车间安全生产正计时、四防（尘毒、振动、飞石、冲击波）管理、四查（孔位、装药、连线、爆效）工程、三点（事故多发点、危险点、危害点）控制、三禁（打残孔、硬捅装药卡堵、无填塞爆破）规定等手段进行爆破企业安全文化建设。

6.3.4　爆破企业人文环境的安全文化建设

根据企业特点，运用传统的爆破企业安全文化建设手段来建设企业人文环境安全文化的有：安全宣传墙报、安全生产周（日、月）、安全竞赛活动、安全演讲比赛、事故报告会等进行爆破企业安全文化建设；在推行现代的爆破企业安全文化建设方式有：安全文艺（晚会、电影、电视）活动、安全文化月（日、周）、爆破事故忌日、安全贺年（个人）活动、安全宣传"三个一工程"（一场晚会、一幅新标语、一块墙报）、青年职工"六个一工程"（查一个爆破事故隐患、提一个爆破安全建议、创一条安全警语、讲一个爆破故事教训、当一周爆破安全监督员、献一笔安措经费）等进行爆破企业安全文化建设。

总之，爆破企业安全文化建设实践方式要紧密结合企业的爆破生产经营活动中心或安全生产突出问题等时序特点，及时有效地开展爆破企业安全文化建设。如上述爆破安全文化建设实践方式可采取定期或非定期的活动方式来组织。例如通过定期的安全月宣传、安全文化（文艺）月、安全教育月、安全管理（法制）月、安全竞赛月、安全科技月、安全演习月、安全检查月、安全报告月、爆破安全评价（总结）月等方式来进行爆破企业安全文化建设实践。

6.3.5　爆破企业决策者潜质

爆破企业决策者是指企业法人或厂长（经理、总裁）等总管理规划领导者。他是企业生存发展的领军人物、组织管理者和规划者，也是企业形象的代表。因此，爆破企业决策者必须具备高尚的社会人文道德品质和优良的企业经营管理品德与气质。唯此，才能推动企业发展，促进国家社会进步。

随着社会大环境、国家宏观调控和战略方针的变化，企业面临的不确定性因素也变得越来越多，都会对爆破企业尤其是民营爆破企业带来重要的影响。此时，如果一位爆破企业决策者还不能清楚地认识到形势的严峻性，还不能制定行之有效的解决方案，那么迎接他的必将是绝境。一位合格的爆破企业决策者要懂得与时俱进，趋利避害，根据自身条件和市场环境的变化，选择科学合理的战略决策方案，制定合理的企业发展规划，建立企业发展战略的相关保障措施，保持和提高企业的核心竞争力，以实现企业的长期可持续发展目标。如何迎接现有的挑战，使企业做得更大更强，一位合格的爆破企业决策者至少要做到"德、智、勤、体、和、新"六点。

6.3.5.1 德

"德"之本意为顺应自然、顺应社会和顺应人类客观需要去做事。不违背自然发展规律，去发展自然，发展社会，发展自己的事业。儒家认为，"德"包括忠、孝、仁、义、温良、恭敬、谦让等。一些学者和企业界人士认为，企业决策者的"德"是指其行使领导决策的使命感、责任感、危机感、正义感、进取性和忍耐性。

一名优秀的爆破企业决策者所具备的品德素质主要包括社会道德品质和经营管理道德品质。良好的社会道德品质是指企业决策者必须对社会的安全、和睦、文明、环境卫生等更有道德责任。企业在创造利益的同时，也要考虑到如何通过"降振除尘"等相关措施降低爆破对环境产生的危害；如何预防、控制爆破所产生的公害及次生灾害可能对爆区周边居民或环境的影响；通过什么样的培训去增加提高员工的安全意识和文化素质；通过什么样的宣传去减少员工家属对爆破生产安全的担忧等。这些观点主要是将我们的爆破企业决策者把创造企业利益的经济行为限制在社会和公众的允许范围，要为社会的发展进步尽力。爆破企业决策者良好的经营管理道德品质应具备这样的特征：

（1）以企业利益为重，不被个人得失所困扰；

（2）以诚信为本，实事求是，以真诚的态度摒弃任何弄虚作假的虚拟意识和行为；

（3）具备坦率和光明正大的心境；

（4）言而有信，言行一致；

（5）公正地对待合作者和企业员工，学会管理差异化的团队，切不可厚此薄彼，任何不公正的行为都是企业的毒瘤；

（6）充满责任心和事业心。

6.3.5.2 智

"智"是指智商、才智和智谋等。在儒家的道德规范体系中，"智"是最基本、最重要的德目之一，也是儒家理性人格的重要品质之一。

作为一名爆破企业决策者，手中把握的是企业生存、发展的命脉，如果没有超人的智慧，那么他所带领的企业前景必将暗淡。首先爆破企业决策者要有一定的专业素质和实践能力，《爆破安全规程》中明确规定了爆破工作领导者的任职条件，应当从事过 3 年以上爆破工作，无重大责任事故，熟悉事故预防、分析和处理并持有安全作业证的爆破工程技术人员担当。其次爆破企业决策者要具备实时追踪和掌握新的知识信息的才智，追求事业成功和永不满足的价值观。只有这种价值取向和心智状态，才能去勇攀管理高峰。现代爆破技术日新月异，如数字爆破、智能爆破等新技术如雨后春笋般出现。一个爆破企业决策者如果不能及时地掌握新的爆破信息，仍将眼光停留在传统工艺上，那么这个企业就很难取得很好地快速发展。企业决策者也是企业发展战略制定的主要引导者。现代爆破企业要制定自己的发展策略。《孙子兵法　谋攻篇》提出"五胜"：知可以战而不可以战者胜；识众寡之用者胜；上下同欲者胜；以虞待不虞者胜；将能而君不御者胜；此五者，知胜之道。其中就对企业决策者领导战略进行了详细的阐述，要求一名合格的爆破企业决策者要充分了解市场领域，正确的判断项目工程是否值得一搏，对此了解透彻、判断正确的话，制胜的机会就大；掌握责权分配及督导得当的领导者，推行策略就比较方便；策略既出，公司上下，意愿一致，同心协力，必将取得良好的发展。

6.3.5.3　勤

"勤"最通俗的解释就是做事尽力，不偷懒。

如果一个名爆破企业决策者是敢于采取大胆行动、雷厉风行的人，用行动来说话、宁愿参与也不袖手旁观的人，那么，他的形象在现代文化里即具有特殊的魅力。然而，我们看到许多前怕狼后怕虎的人，少有敢于拼搏、创新的人；我们听到诸多失败的原因，很少能听到宝贵的建议。作为一名爆破企业决策者，只有思想上先人一步，才能行动上捷足先登、发展上高人一筹，在创造一个新产品、新工艺和新方法面前不优柔寡断、畏首畏尾，而是勇往直前、无所畏惧地去直面应对，才能当好带头人和实干家。

6.3.5.4　体

"体"是指爆破企业决策者要有一个良好的身体素质。

管理工作的性质和特点决定了对企业决策者身体素质的要求要比一般人高得多。作为一名爆破企业决策者，身体素质和体魄强度等方面，必须忍受和适应管理工作对自己的许多特殊要求，忍受杂乱且不规律的生活。马拉松式的谈判，细致入微的决策，头晕目眩的突发事件……这一切都像一座座大山，无时无刻不在考验着一个爆破企业决策者的身体素质，要求管理者的健康状态、体魄强度及对艰苦工作环境的忍耐力等都要比一般的企业决策者更加理想。俗话说"身体素质的一半是心理素质"。心理健康既有生理因素，又有复杂的社会因素。一名合格的爆破企业决策者要懂得一点心理学，学会为自己减压，这不仅有利于帮助和理解他人，也可对自己的能力做出恰当的估计，制定切合实际的目标和保持良好的人际关系。

6.3.5.5 和

"和"主要是指和谐。包括有爆破企业与政府部门、同行和社会环境的和谐。

过去的爆破企业成长中面临的最大障碍是政府部门，手续难办，项目难批，由于政府管制非常多，所以很多的爆破企业具有一种特殊的能力，就是处理和政府关系的能力。而现在，这种时代越来越远去了，我们必须真正学会在市场中生存，要从依赖政府关系的赚钱模式转向真正依靠企业核心竞争力赚钱，要从搞定政府转向为搞定市场和客户。

受国家市场调控的影响，爆破工程量比以前大幅减少，致使爆破企业面临着从以前的无竞争对手到现在的地方性竞争对手，甚至区域性或国际性竞争对手的转变。区域性的保护作业也变得越来越脆弱，这就要求我们的企业领导者在对项目进行决策前，要了解项目是否与国家政策存在冲突的风险。一个好的爆破企业决策者要将同行竞争力看作自己进步的动力，总结同行企业的成功经验和失败教训。认真吸取别人施工过程中的长处和经验，不断完善自我。市场竞争讲光明正大、讲斗智斗勇、讲和谐相处，不搞违反职业道德的阴谋诡计。将同行视为竞争对手和协作伙伴，关键时候得到同行业的帮助或支持，发展良好的行业关系。

众所周知，在爆破施工过程中所产生的振动、粉尘和冲击波等次生灾害，都会对周边居民生活产生影响。因此，我们也经常遇到居民的投诉或阻挠施工的情况。这就要求我们企业管理者紧抓他们所急需解决的问题和当前的困难，通过福利事业、社区环境、慈善事业、公益活动和沟通理解等措施，让附近居民理解我们工作的紧迫性和给他们带来的利益，尽最大的努力树立良好的行业和企业形象。

6.3.5.6 新

"新"指有更新、创新之愿。知识经济时代，拥有创新能力和知识产权就意味着企业拥有生存能力，拥有创造财富的基础。目前，爆破市场正在发生着深刻的变化，爆破企业也应该顺应这种变化，转变自己的发展方式，过去那种"大进大出"粗放式的施工方式已难以为继，要加强"高精端"的爆破施工理念，根据工程实际情况，有选择地引进新技术、新装备、新工艺，加大自主知识品牌和施工工艺的创新。

自主创新任重而道远，以前的爆破企业决策者不太重视技术创新和知识产权的保护，在生产中采用传统的单一方式，即使有些许创新也没有得到重视，致使很多属于我们的产权都流失了。企业作为创新的主体，却没有成为拥有自主创新和保护知识产权的主体，这充分暴露了爆破企决策者缺乏明确的产品创新和知识产权保护意识，不重视通过拥有创新成果的自主知识产权来增强企业的核心竞争力。不能形成健全的工作机构和良好的激励机制，导致知识产权的权益流失严重。

以上几点是一位出色的爆破企业领导者需要处理好的，而要完成这些挑战，处理好这些问题，最重要的一点就是领导力。在学术上我们通常将领导力区分为以下几种：一是远景型领导力，是指比别人站得高、看得远，能预测未来，知道什么重要、什么不重要，也知道如何实现企业的宏伟目标的人。二是魅力型领导力，主要是指领导者先天的素质，往往具有较高的号召力和信任度，是个人的一种责任感，敢说敢当。还有一种就是逻辑型的领导力，就是在探讨问题时能够理性的分析，能比别人讲出道理来，别人两小时讲不清楚的道理，你五分钟就能讲清楚，另外，你还要有足够的能力去说服别人执行你的战略。一个优秀的爆破企业决策者，就要不断地学习。只有不断地学习，才能高瞻远瞩，成为远景型的领导者；只有不断地学习，才能够魅力永存，感召他人；只有不断地学习，才能说服众人，领导众人；也只有不断地学习，才能使企业基业长青。

思 考 题

1. 什么是爆破安全文化？简述其主要功能。
2. 爆破企业安全文化的形态体系包括哪些范畴？
3. 简述爆破企业安全文化的建设内容。
4. 爆破企业安全文化建设方法有哪几种？
5. 为保持企业持续健康发展，爆破企业决策者应具有什么样的潜质？

7 爆破企业安全教育

7.1 爆破企业安全教育概述

7.1.1 爆破企业安全教育的目的和方法

人的生存依赖于社会的生产和安全。教育对人的发展具有必要性和主导性，安全教育是爆破企业安全生产的基本制度之一。安全教育的目的是使企业领导与职工正确认识爆破安全生产的重要性和必要性，增强其安全意识和法制观念，学习掌握实现爆破安全生产、文明生产的科学知识，提高他们的爆破生产技术水平和管理水平，促使他们自觉地执行安全生产方针、政策和各项法令与规章制度，从而使其行为规范化、标准化，减少人为失误与差错，增强预防和控制爆破事故的能力，保证企业安全生产。

合理的教育方法是提高教学效果的重要方面。爆破企业安全教育的方法因教育对象、教学内容和教学与生产时段关系不同而异，具体的安全教育方法多种多样，其主要方式有：讲授法、研讨法、自学法、参观演示法、实验（实习）法、竞赛表彰法和宣传娱乐法等。

7.1.2 爆破安全教育的基本原则

安全教育原则是进行安全教学活动所遵循的行为准则，是教学过程客观规律的反映，以下讲述安全教学需要遵循的一些主要原则。

7.1.2.1 教学目的性原则

爆破企业安全教育的对象不同，其教育的目的亦不同，教学过程中一定要具有针对性。如对于企业各级领导的安全教育重点是爆破安全认识和决策技术的教育；对于企业职工的安全教育则是爆破安全态度、安全技能和安全知识的教育；对于爆破安全管理人员主要是爆破安全科学技术教育；而对于企业职工家属的安全教育，主要是使其了解职工的工作性质、工作规律及相关的安全知识等教育。只有准确地掌握不同教育对象的教育目的，才能有的放矢，提高教学效果。

7.1.2.2 调动教与学双方积极性原则

教学效果是由教和学双方共同决定的。从教的角度来讲，教学过程中要遵循科学性、系统性，讲课要结合实际重点突出，适时采取启发式或研讨式等教育方法，以助于受教育者学习、记忆和调动其学习的积极性；从受教育者角度看，接受安全教育，利人、利己、利家，是与自身的安全、健康、幸福息息相关的事情。所以接受安全教育要发自内心，积极主动地学习，以提高自己的爆破安全知识和技能，提高识别、预防和控制爆破生产事故的能力。

7.1.2.3　理论联系实际的原则

安全教育活动具有明确的实用性和实践性。进行爆破企业安全教育的目标是提高受教育者的思想和意识，从而使其树立正确地安全生产观，增强对爆破生产事故的防范能力。因此，在进行安全教育时，一定要理论联系实际，要紧密结合爆破生产、生活中的实际状况，以爆破现场实例、案例等进行联系分析，才能提高教学效果，达到预期的教学目的。

7.1.2.4　科学性、系统性原则

每一项爆破安全法规都是经过反复讨论、研究修改之后才正式通过和颁布实施的，其概念和体系均具有较高的科学性和系统完整性。在安全教育培训中，必须贯彻科学性和系统完整性的原则。

7.1.3　爆破企业安全教育的内容

爆破企业安全教育的知识体系主要内容包括爆破安全思想教育、爆破安全知识教育和爆破安全技术教育。

7.1.3.1　爆破安全思想教育

爆破安全思想教育主要是针对教育对象的具体情况，从思想认识、安全态度、法制观念等方面提高其对爆破安全生产方针政策的认识，正确处理安全与生产的关系，增强其法制观念和爆破安全生产的自觉性。爆破安全思想教育实质上是清除人们头脑中对爆破安全生产的某些错误认识，向其灌输爆破安全生产的新的正确的思想。只有正确地认识，才能正确地判断与正确地行为，爆破安全生产才有保证。爆破安全思想教育的对象包括企业各级领导、管理干部、工程技术人员、工人及全员的安全思想教育。爆破安全思想教育包括如下内容：

（1）安全生产方针、政策教育；

（2）安全法规、劳动纪律教育；

（3）安全态度教育；

（4）典型爆破事故案例剖析教育。

7.1.3.2　爆破安全知识教育

爆破企业广大职工从思想上重视安全生产，就具备了学习了解爆破安全生产知识的前提，就必然激励其对爆破安全生产知识学习掌握的动机与需要。爆破安全知识与生产技术知识一样，都是人们在与自然界斗争、在生产过程中积累起来的。爆破安全知识教育主要包括以下几个方面：

（1）爆破企业生产过程中有关专业、器材、设备、贮存、运输的概念、术

语、方法等基本安全知识；

（2）企业内部危险生产工艺、器材、设备及其安全防范措施；

（3）爆破生产过程中的不安全因素、潜在的职业危险及其发展成为事故的规律；

（4）爆破安全防护的基础知识和防控振动、尘毒、飞散物的综合措施；

（5）爆破安全管理、安全技术、工业卫生规章制度等；

（6）有关机电设施、消防灭火设备的基本安全知识和使用方法；

（7）发生爆破事故时的紧急救护与自救措施；

（8）爆破事故应急预案及伤亡事故报告程序。

7.1.3.3 爆破安全技术教育

爆破安全技术教育是对从事生产作业人员进行的爆破安全操作技术教育。针对不同工作岗位，有着不同专业安全技术特点的工种，应进行岗前安全技术教育。爆破安全技术教育的内容包括：

（1）岗位操作规程；

（2）专业工种的设备安全、器材安全、爆破施工工艺操作安全、个人防护用品正确使用及劳动环境改善等；

（3）特业人员（电器、焊接、压力容器、爆破、锅炉、起重、车辆驾驶、瓦斯检验）以及从事新技术的工人，要实行专门的安全教育和操作训练。

采用新方法，添置新的技术设备，制造新产品或调换工人工作时，必须对工人进行新工作岗位和新操作方法的安全教育。

爆破安全技术教育实质上就是对职工在爆破施工作业活动过程中进行一种行为规范化的教育。它是对人们生产活动的具体指导。

从上述安全教育的内容可以看出，爆破安全思想教育是提高人们的思想认识，使人们从思想上产生安全的动机与需要；爆破安全知识教育是提高人们爆破安全生产的判断能力；而爆破安全技术教育则是对人们安全行为的规范化教育。因此，安全教育实际上是对人们的行为过程，即认识－判断－反应（S－O－R）的全过程教育。

7.2 爆破企业安全教育的对象与方式

爆破企业安全教育的内容和方式应以教育对象的不同而定，这是由于不同对象掌握的知识和内容应有区别。就一般企业而言，企业安全教育的对象主要有企业法人（决策者）、企业管理层、专职安全管理人员、企业全员、新从业人员、特种作业人员、工作变换人员以及职工家属八种人。

7.2.1 爆破企业法人（决策者）的安全教育

爆破企业法人（决策者）是企业的最高领导层，是企业生产和经营的主要决策人，也是企业利益分配和生产资料调度的主要控制者，同时亦是企业安全生产的第一责任人和指挥者。为了追求、保持企业生产经营和经济活动的良好运行，为了促进社会、企业物质文明、精神文明的进步，这就要求企业法人（决策者）要具有高度的道德思想水准、广博的文化知识、非凡的企业管理才能与智慧、务实创新精神和健康的心理素质。要促使爆破企业法人（决策者）具有较高的安全文化素质，就要不断地对其进行必要的安全教育。企业法人代表或厂长（经理）必须经过合格的安全教育后方能任职。其安全教育的内容包括：

（1）爆破安全知识体系教育。其教育的重点是有关劳动安全卫生的方针、政策、法律、法规、规程、标准及有关爆破规章制度；

（2）工伤保险法律、法规、企业劳动安全卫生知识及爆破安全文化等；

（3）企业安全生产管理职责；

（4）爆破生产事故案例、爆破事故应急处理措施及爆破事故应急预案。

企业法人（决策者）安全教育的目标是提高其安全素质，强化安全意识，发展安全能力，增长安全知识。促使企业法人（决策者）主动自觉地认真学习国家和行业的爆破安全法规文件、安全生产管理标准、安全卫生标准、生产事故发生规律、违反安全生产法规法律应承担的相应刑事责任等，使企业法人（决策者）真正理解、懂得爆破安全法规、标准及方针政策；提高爆破安全管理能力，真正负起"安全生产第一责任人"的责任，在安全生产问题上正确运用决策权、否决权、协调权、奖惩权，在机构、人员、资金、执法上为爆破安全生产提供保障；以体现出企业法人（决策者）高度安全责任感和正直、善良的安全道德情操。

企业法人（决策者）的安全教育方法可采取定期的岗位资格安全培训认证制度培训教育，使之持证上岗。对于爆炸物品的生产、销售、贮存、使用单位及矿业、建筑施工单位主要负责人安全资格培训时间不得少于规定学时，每年再培训时间不得少于再培训规定学时；其他单位主要负责人安全生产管理培训时间不得少于规定的相应学时，每年再培训时间亦应按规定进行培训教育。

7.2.2　爆破企业管理层的安全教育

爆破企业管理层的安全教育是指对班组长以上的各级领导干部、各职能科室干部和工程技术人员的安全教育。他们既是企业生产经营决策的忠实贯彻者和执行者，又是企业各管理层的生产、管理和经营人员，他们的安全文化素质对整个企业的形象与爆破安全生产等起着决定性作用。其安全教育的内容包括：

（1）爆破安全生产方针、政策、法律、法规及有关规章制度；

（2）本企业的规章制度和本部门、本岗位的安全卫生责任；

（3）爆破安全技术、劳动卫生和安全文化的知识、技能；

（4）爆破安全管理技术、方法及安全生产基本理论与安全规程；

（5）工伤事故报告、处理和有关爆破事故案例与事故应急措施等。

诚然，爆破企业管理层的培训教育对象层次广，他们各自对爆破安全教育知识体系的安全技术知识、技能或安全管理工作等需求不一，因此，在进行安全教育时必须有针对性，区别对待。如班组长的安全教育就必须在知识体系的爆破安全技术技能、安全操作技能、生产异常状态处置能力、勤奋励志等方面下工夫。

爆破企业管理层的安全教育方法可采取岗位资格认证安全教育、定期安全再教育、一年一度安全教育、每年必须对班组长进行一次系统安全培训等。安全培训时间不得少于24学时。安全教育必须制定统一的教学大纲、统一教材、统一时间。教学方式可采取集中授课、自学或自学与授课相结合，集中辅导考试。特别要提及的是，要注意加强安全教育、考试、建档和师资队伍建设工作。

7.2.3 爆破企业专职安全管理人员的安全教育

爆破企业专职安全管理人员的安全教育是指对爆破专职安全管理人员和专业工程技术人员的培训教育。他们是企业爆破安全生产管理和技术实现的具体实施者，是企业实现爆破安全生产的主要决定因素。因此，加强对他们进行安全教育，提高激励其安全生产管理的积极性，奋力学习掌握爆破安全专业科学知识，技能和管理技术方法，对保障企业爆破安全生产至关重要。爆破企业专职安全管理人员安全教育的内容包括：

（1）爆破安全科学专业知识、爆破安全技术与工业卫生技术、爆破安全管理方法及国内外爆破安全动态与发展趋势。

（2）国家安全生产方针、政策、法规、标准及工伤保险法律、法规等。

（3）爆破专业安全技术。如防火防爆安全技术、振动、飞散物及噪声或环境保护控制安全技术、瓦斯、尘毒防控安全技术、通风防尘技术、锅炉压力容器、起重、运输、电器安全技术等。

（4）爆破工伤事故调查处理、爆破事故统计与报告、安全检查、安全教育、计算机应用等。

爆破企业专职安全管理人员的安全教育方法一是通过学校进行学历教育；二是在职安全教育。从事爆破物品生产、经营、贮存、使用单位及矿业、建筑施工单位安全生产管理人员安全资格培训时间不得少于48学时，每年再培训时间不得少于16学时；其他单位安全生产管理人员安全生产管理培训时间不得少于24学时，每年再培训时间不得少于8学时。

尚需说明，上述安全培训教育内容的顺序，对不同培训对象的教学中心内容不完全相同，一般适宜于安全科、处长岗位培训、专职安全管理人员培训或安全技术人员培训。

爆破安全管理人员与技术人员必须经过专门训练，才能上岗。如安全科、处长岗位职务培训，专职安全管理人员业务培训，安全专业技术人员的各类技术培训。

7.2.4 爆破企业全员安全教育

爆破企业全员安全教育是对企业全体职工特别是生产作业人员进行的爆破安全思想、安全知识、安全操作技术与生产安全管理机制的教育，其教育内容包括：

（1）爆破安全生产技术知识、安全技术知识、工业卫生技术知识教育。包括企业使用的机械设备，原材料、器材、仪表、用品等的性能与特点。如爆破技术方法、爆破器材与起爆方法、生产防爆防尘、防毒或振动、飞散物、噪声控制技术等。

（2）爆破安全生产技能教育。安全生产技能是人们安全完成作业的技巧和能力。包括作业技能、熟练掌握作业安全装置设施的技能和应急情况下进行妥善处理的技能。具体通过爆破安全生产工艺程序的操作演练，掌握爆破安全操作技术，提高安全作业的实践能力，达到"应知应会"的要求。如爆破凿岩、装药和爆破网路连接起爆技能等。

（3）安全生产方针、政策、法规和有关爆破规章制度教育。尚包括本企业、本部门和本岗位的爆破规章制度与安全卫生责任。如民用爆炸物品安全管理条例、爆破安全规程、爆破操作规范、爆炸物品信息管理系统等。通过安全培训教育，使职工群众树立起"安全第一、预防为主"的安全生产思想理念。

（4）爆破事故案例教育。包括爆破事故案例介绍分析、联系介绍企业内危险设备、区域（工艺）、器材、仪表的险点特征及其安全防护基本知识和注意事项、爆破事故紧急救护和自救技术措施、方法等。通过爆破事故案例教育，使职工群体了解爆破事故发生的条件、过程和现实后果，促使其规范操作，遵纪守章，严防同类事故反复发生。如装药早爆或爆破拒爆等。

爆破企业全员安全教育应每年进行一次安全生产教育和考试。

7.2.5 新从业人员的安全教育

新从业人员包括学徒工、临时工、合同工、代培实习生及新调进来的工人、干部。对他们的安全教育一般采取厂级教育、车间教育和班组教育的三级教育形式，使新进人员从入厂之日起就逐步树立安全思想、遵守爆破安全规章制度、熟悉爆破安全生产知识、掌握安全操作技术，为安全生产打下良好基础。

7.2.5.1 厂级教育

新进人员进入企业后的厂级安全教育由企业主管副厂长（副经理）负责，

安全部门会同有关部门组织实施，其教育内容包括：

（1）劳动安全卫生法规、爆破安全技术、劳动卫生和爆破安全文化的基础知识；

（2）有关生产机械工具、设备的基本安全知识；

（3）企业爆破安全规章制度和劳动纪律教育；

（4）企业生产性质、安全生产情况、安全生产的重要意义以及企业内特别危险设备、器材、区域（工艺）与安全防范的一般措施；

（5）典型经验与爆破事故案例教育。

7.2.5.2　车间级安全教育

车间级安全教育是新进人员分配到车间（科室）后进行的安全教育。车间级安全教育由车间负责人组织实施，其教育内容包括：

（1）本车间（科室）爆破生产工艺流程、设备、器材的特性、危险区域及其标志和防范知识；

（2）本单位纪律、爆破安全生产制度与应注意事项，以及安全生产管理组织形式和负责人；

（3）本单位爆破安全生产情况、典型经验与爆破事故教训；

（4）爆破生产过程中的主要危险因素及安全注意事项，预防事故和职业病的主要措施，爆破事故应急处理措施。

7.2.5.3　班组级安全教育

班组级安全教育是新进人员到达工段、班组，开始上岗前的安全教育。班组级安全教育一般由工段长或班组长负责实施，其内容包括：

（1）将要从事的生产工作性质、职责范围、爆破安全规章制度、岗位安全操作规程和职责；

（2）使用的机械、设备、工具、器材、仪表的性能、特点及安全装置、防护设施的性能、作用和维护方法；

（3）文明生产，保持工作地点整洁的重要性和必要性事项；

（4）个人防护用品的正确使用和保管；

（5）本班组和岗位的作业环境、设备状况、危险区域（工艺）及预防、控制尘毒、爆破振动、飞散物、噪声或爆破事故的措施和爆破事故发生后应采取的应急措施、报告制度与事故教训举例；

（6）实际爆破安全操作示范，以老带新，分清师徒职责。岗位间的工作衔接配合的安全卫生事项。

新从业人员安全教育内容要全面、重点突出。讲授要深入浅出，理论联系实际，可采取授课、观摩、视频或展览教育等形式相结合。每经过一级教育均应进行考试，以便加深印象。新从业人员安全教育时间不得少于 24 学时；危险性较大的行业和岗位，新从业人员安全教育时间不得少于 48 学时。

7.2.6　特种作业人员的安全教育

特种作业是指在生产过程中对操作者或周围设施的安全有重大危险因素的工种。从事特种作业的工作人员称谓特种作业人员。

特种作业的范围包括电工作业、金属焊接、切割作业、起重机械（含电梯）和高空作业、锅炉与压力容器作业、矿山采掘、通风、排水、提升运输及矿山安全检查作业、爆炸物品生产、经营、运输、贮存、使用（含销毁）作业，或经国家有关部门批准的其他作业。

从事特种作业人员的安全教育内容主要是：本工种的专业技术知识、安全操作技能训练和安全技术与管理机制教育。《爆破工程技术人员安全技术考核办法》、《爆破作业人员安全技术考核标准》、《特种作业人员安全技术培训大纲及考核标准：通用部分》等文件、标准，是特种作业人员安全技术培训、考核工作的指导性文件。从事爆破施工的特种作业人员安全技术培训考核包括爆破安全技术理论考试和实践考核两部分，以实践考核为主。通过认真地培训（或自学）教育，复习指导，经严格地理论考试和实践考核，考试、考核全部合格后由国家有关政府部门颁发特种作业安全操作许可证，持证上岗，方可从事这种特种作业。如根据本人技术职称和专业生产实践能力划分为初级、中级、高级与作业范围的《爆破工程技术人员安全作业证》；以及爆破员、安全员、保管员和押运员经培训考核合格，颁发的《爆破作业人员许可证》等。

爆破工程技术人员安全教育时间 120 学时；爆破员、安全员、保管员或押运员安全教育时间为 40 学时。取得《爆破工程技术人员安全作业证》者，每 4 年进行一次复审换证；取得《爆破作业人员许可证》者，每 2 年进行一次复审换证。

7.2.7　工作变换人员的安全教育

工作变换人员是指转岗、变换工种、复工或"四新"的职工等。由于企业内部改革、工艺更新、产品调整或职工（伤愈、假期）离岗 3 个月以上而转岗、变换工种或复工，必须对其进行收心稳情和新工作岗位、新操作方法的安全思想教育，其教育内容主要包括：

（1）将要从事的生产工作性质、使用的机械设备、器材性能、岗位安全操作规程和职责；

（2）本岗位安全生产情况、安全生产制度、纪律及应注意的事项；

（3）介绍新工艺、新材料、新设备、新产品的特点及操作方法；

（4）新岗位生产过程中的危险因素及防控方法等。

7.2.8 企业职工家属的安全教育

企业职工家属安全教育主要是使家庭为职工的安全生产创造一个良好的生活环境和心理环境，利用伦理亲情促使职工自觉遵章守纪，达到教育职工做到安全生产的目的。

爆破企业职工家属安全教育的主要内容是职工的工作性质、工作纪律及相关爆破安全生产的基本常识等。

思 考 题

1. 爆破企业安全教育的原则是什么？
2. 爆破安全教育的内容有哪些？
3. 简述爆破安全教育的对象。
4. 爆破安全教育的方法是什么？
5. 怎样对爆破企业专业安全人员进行安全教育？

8 爆破事故调查与事故应急预案

8.1 爆破事故调查概述

在人类生产、生活活动过程中，没有百分之百的安全，事故的发生或许是不可避免的，但是，大多事故却都是可以预防的。即我们可以通过对已发生事故的调查分析和统计，获得相应事故关联信息的"风险控制"技术与能力，以便在爆破安全管理工作中，更有效地认识风险、控制风险，制定事故预防对策，从而达到抑制隐患、预防事故和安全生产的目的。

8.1.1 事故分类

事故是生产活动中引起的人员伤亡、财产损失或环境破坏的事件（现象）。为了便于调查分析事故的原因和结果，可根据事故的性质或特点对其进行分类分级。一般根据《生产安全事故报告和调查处理条例》或《企业职工伤亡事故分类》按三种方法对事故进行分类。

8.1.1.1　按事故伤损量大小分类

按事故伤损量大小可将事故划分为：

（1）特别重大事故，是指事故造成 30 人以上死亡，或 100 人以上重伤（包括急性工业中毒，下同），或 1 亿元以上直接经济损失者；

（2）重大事故，是指事故造成 10 人以上 30 人以下死亡，或 50 人以上 100 人以下重伤，或 5000 万元以上 1 亿元以下直接经济损失者；

（3）较大事故，是指事故造成 3 人以上 10 人以下死亡，或 10 人以上 50 人以下重伤，或 1000 万元以上 5000 万元以下直接经济损失者；

（4）一般事故，是指事故造成 3 人以下死亡，或 10 人以下重伤，或 1000 万元以下直接经济损失者。

分类中所述的"以上"包含本数，"以下"则不包含本数。

尚需说明，我国司法系统关于"重大伤亡事故"解释为死亡 1 人以上，或重伤 3 人以上，或直接经济损失 100 万元以上；"事故情节特别恶劣"是指死亡 3 人以上，或重伤 10 人以上，或直接经济损失 300 万元以上。

8.1.1.2　按事故人员伤害程度分类

按事故人员伤害程度可将事故划分为：

（1）轻伤，是指职工损失工作日低于105天的失能伤害。造成职工肢体伤残，或某些器官功能性或器质性轻度损伤，表现为劳动能力轻度或暂时丧失的伤害。一般指受伤职工歇工在一个工作日以上，但够不上重伤者。

（2）重伤，是指职工损失工作日大于或等于105天的失能伤害。造成职工肢体残缺或视觉、听觉等器官受到严重损伤，一般能引起人体长期存在功能障碍，或劳动能力有重大损失的伤害。

详见"企业职工伤亡事故分类"和"关于重伤事故范围的意见（试行）"等有关规定。

（3）死亡，是指发生事故当即死亡，或急性中毒死亡，或受伤后在30天内死亡，或失踪30天后均按死亡事故进行统计。死亡损失工作日按6000天计算。

在安全管理工作中，通常把造成损失工作日达到或超过1天的人身伤害或急性中毒事故称为伤亡事故。其中，发生在生产区域中和生产有关的伤亡事故称为工伤事故。

8.1.1.3　按事故致害原因分类

由于事故致因不同，可将事故分为物体打击、机械伤害、爆破、火药爆炸、瓦斯爆炸、其他爆炸（粉尘、可燃气体等与空气混合）、坍塌、冒顶片帮、透水、中毒和窒息、锅炉爆炸等20类。

8.1.2　爆破事故调查的目的

爆破事故的发生有其偶然性，也有必然性。爆破生产潜在风险（事故隐患）的存在是事故发生的条件，如偶遇某不安全行为击发，则爆破事故的发生是必然的。因而，爆破事故调查的目的就是通过对已发生事故潜在隐患、原因的识别、分析和统计，依据事故调查结果，制订预防事故、控制事故的安全技术和安全管理措施，预防、杜绝此类事故的再发生。同时，爆破事故调查结果也为企业安全工作决策及法事部门执法提供依据。

8.1.3　爆破事故调查的原则

爆破事故调查应坚持尊重科学、实事求是、及时准确地查清事故经过、事故原因、事故性质、损失和责任，认真总结事故教训，提出整改措施。为此，爆破事故调查应遵循的基本原则是：

（1）及时性。事故发生时，要立即报告企业领导和行业主管部门、当地政府有关安全、公安等部门。有关部门接到报告后应及时赶赴现场，抓紧时机组织救援，及时进行调查和现场勘察工作。只有如此，才能趁现场痕迹清晰明显，群众记忆清楚之机，获取有重要价值的物证和人证。同时，亦严防事故灾情、险情扩大发展，增加事故抢救难度和扩大事故损失。否则，重要的人证、物证、痕迹将会随着时间的延长和环境的影响而变化，甚至毁坏和消失。

（2）计划性。爆破事故调查人员抵达事故现场后，要按调查计划有序进行工作，切忌忙乱。首先要保护好事故现场，确定警戒界线，针对具体事故现场情况，制订相应的调查工作计划，进行营救、排险和由外及内，对爆破事故现场范围、爆心、人员伤亡、爆破残留物、抛出物、人证等进行勘察、记录取证，按计划认真进行事故调查工作。

（3）全面性。严格遵循科学的事故调查计划程序，全面严密现场勘察、调查访问、记录一切爆破物证痕迹、人证材料，力争不漏掉一丝事故现场信息。真正做到全面掌握事故现场资料，并将其各个环节有机地结合起来，全面辩证地分析事故原因，全面总结事故调查的实践经验，正确地将事故调查清楚。

（4）客观性。客观性是事故调查工作的首要准则。事故调查要尊重科学，实事求是，要全面、公正、客观、认真地进行调查工作，一切以实事资料证据为依据，科学地分析、判断事故的性质和原因，对某些物证应进行检验、技术鉴定、模拟实验及逻辑推理，并将事故调查的各个环节有机地结合起来，从而科学地辨析爆破事故的潜显影响因素与调查证据的逻辑辩证关系，以寻求正确、合理的事故性质和原因，得出客观、公正、符合实际的爆破事故结论。只有这样，才能保证爆破事故调查、分析、结论的正确性；只有这样，才能保证企业制定整改措施或政府有关部门提供安全决策的可行性；只有这样，才能保证预防、控制类似事故再发生的可靠性；也只有这样，才能杜绝爆破事故调查中的某些主观臆断或牵强附会的自然致因（雨水、塌方、瓦斯突出、地下气体、电器老化、老鼠……）现象。

8.2　爆破事故调查的对象和程序

8.2.1　爆破事故调查对象

从理论上讲，所有事故包括无伤害事故和未遂事故都在调查范围之内。但是由于各方面条件的限制，特别是经济条件的限制，达到这一目标几乎是不可能的。因此，要进行爆破事故调查并达到我们的最终目的，选择合适的事故调查对象是相当重要的。一般下列爆破事故应纳入调查对象的范畴。

8.2.1.1　重特大爆破事故

所有重大事故都应进行事故调查，这既是法律的规定，也是事故调查的主要目的所在。因为如果这类事故再发生，其损失及影响都是难以承受的。重大事故不仅包括损失大、伤亡多的事故，也包括那些在社会上乃至国际上造成重大影响的事故。

8.2.1.2　伤害轻微但发生频繁的事故

这类事故伤害虽不严重，但由于事故发生频繁，对劳动生产率会有较大影响，而且突然频繁发生的事故，表明企业在爆破技术上或爆破安全管理机制方面存在问题，如不及时采取措施，累计事故损失也会较大。所以对其进行事故调查是解决此类问题的最好办法。

8.2.1.3 高危险工作环境的事故

高危险工作环境系易燃易爆场所，有毒有害物生产场所，矿业或高空作业场所等。由于高危险环境中，极易发生重大伤害事故，造成较大损失，如哈尔滨亚麻厂粉尘爆炸事件、阜新煤矿瓦斯爆炸事件、苏州铝粉爆炸事件等。因而在这类环境中发生的事故，即使后果很轻微，也值得深入调查。只有这样才能发现潜在的事故隐患，防止重大事故的发生。

8.2.1.4 可能因管理缺陷引发的事故

如前所述，爆破安全管理系统缺陷的存在不仅会引发爆破事故，而且也会影响工作效率，进而影响经济效益。因此，及时调查这类事故，既可防止事故的再发生，也可提高企业的经济效益，一举两得。

8.2.1.5 未遂事故或无伤害事故

未遂事故是指没有造成人员伤亡或财产损失的事故，亦称险肇事故。尽管有些未遂事故或无伤害事故未造成严重后果，甚至几乎没有财产损失，但如果其有可能引起严重后果，也是事故调查的主要对象，如爆破生产中盲炮的调查与处理。判定该事故是否有可能造成重大损失，则需要爆破工程技术人员和爆破安全管理人员的技能与经验。

8.2.2 爆破事故调查的程序

根据爆破事故应急预案设计，一旦发生事故，要及时设立事故处理组织机构，即刻抓好事故紧急抢险和救援工作，迅速救助伤员，遏制事故蔓延，防止事故扩大，减轻事故灾害；然后针对爆破事故现场特性和《企业职工伤亡事故调查分析规划》标准要求，积极认真地开展事故调查工作。

爆破事故调查工作一般在领导小组下设立警戒组、救援组、综合组、核算组和后勤组。

警戒组负责维护划定的事故现场范围的秩序，禁止非现场勘察人员进入现场，保护现场物证、痕迹免受破坏。

救援组是应急救护事故受伤人员，排除可能继发火灾、爆炸、坍塌、有毒有害气体物质中毒等险情，防止事故蔓延扩大。对于确已死亡人员，应尽量保持其死后现场的位置、状态等。并且应及时从受伤人员中了解事故发生的现象和事故前的可疑迹象，以提供发生爆破事故原因的信息。

综合组有相关部门的专业技术人员组成，主要任务是爆破事故现场勘察、搜集、发现、查询物证和人证，并对其进行核实、鉴定与现场分析，确定爆破事故的原因、性质，以及事后深入综合分析，得出科学结论，撰写事故调查报告等。

核算组是根据《企业职工伤亡事故经济损失统计标准》，对企业职工在劳动生产过程中发生伤亡事故所引起的一切经济损失（即伤亡事故经济损失）进行计算，以核实某爆破事故给国家、企业及个人带来不同程度的经济损失。

后勤组主要负责事故调查组的后勤保障、鉴定试验器材和遇难家属的接待与安抚工作。工作原则是"统一政策，分散安排，分块负责，热情接待、耐心工作"。

一般爆破事故调查工作的程序如图8-1爆破事故调查程序图所示。

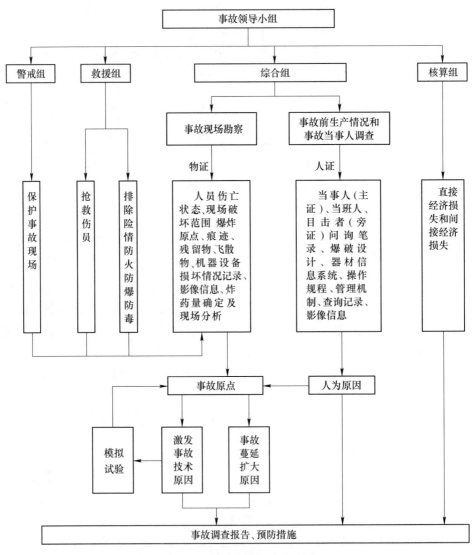

图 8-1 爆破事故调查程序图

总之，在实际工作中，一般爆破生产安全事故调查程序包括以下几个方面。

8.2.2.1 爆破事故现场处理

爆破事故现场是事故发生以后保持其原始状态的地点。它包括事故波及的范围和与事故有关联的场所。只有当现场保留着事故以后的原始状态，现场勘察工作才有实际意义。实践证明，每个爆破事故现场都存在提供事故调查的线索及确定事故原因的证据，发现和提取确定爆破事故原因的痕迹和物证，以便正确地进行原因分析，这是勘察工作的关键所在。

爆破事故现场处理是事故调查的初期工作。对于事故调查人员来讲，针对爆破事故的性质不同和事故调查人员在事故调查中的角色差异，爆破事故现场处理工作亦有不同，但通常现场处理工作应该是调查人员携带必要的调查工具及装备，安全顺利地抵达事故现场，并保持与上级有关部门的及时联系与沟通；现场危险分析与现场保护，这是现场处理工作的中心环节。只有做出准确的分析与判断，才能防止进一步地伤害和破坏，同时做好现场保护工作，控制围观者。现场危险分析工作主要是观察现场全貌，分析事故危害性的大小，是否有进一步危害产生的可能性及可能的控制措施，计划调查工作的实施过程，确定行动程序，考虑与有关人员合作，指挥救援人员等；现场营救排险是指最先赶到事故现场的人员，主要工作是尽可能地营救幸存者和保护财产；并及时录照或绘制事故遇难者尸体方位、状态或最初看到的事故现场情景。同时，在现场危险分析的基础上，及时预防、控制可能产生的火灾、爆炸、坍塌、滑坡和有毒有害气体、物质的生成或释放与蔓延。

8.2.2.2 现场物证搜集

通过爆破事故现场勘察搜集物证是事故现场调查工作的中心环节。其主要目的是为了查明当事各方在事故之前和事发之时的情节、过程以及造成的后果。通过对现场痕迹、物证的收集与检验分析，可判断发生事故的主、客观原因，为正确处理事故提供客观依据。因而全面、认真、细致地勘察现场是获取现场证据的关键。无论什么类型的爆破事故现场，勘察人员都要力争把现场的一切痕迹、物证甚至微量物证都要收集、记录下来，对变动的现场更要认真细致地勘察，弄清痕迹形成原因及与其他物证和痕迹的关系，去伪存真，以确定现场的本来面目。

8.2.2.3 爆破事故相关事实材料的搜集

与爆破事故的发生和发展起着主要作用的相关事实材料包括爆破设计、事故前生产进行情况、事故时爆破生产工艺过程、操作程序、机械设施、爆破器材情况、爆破安全生产管理机制及受害人和肇事者的技术与身体健康状况等。

8.2.2.4 证人材料搜集

所谓证人是指看到事故发生或事故发生后最快抵达事故现场，且具有调查者所需信息的人。从广义概念来讲，证人是指所有能为了解事故提供信息的人，甚至有些人不知道事故发生，却有有价值的信息。证人信息搜集的关键之处在于迅速果断，这样才能最大限度地保证信息的完整性。同时要注意人证询问技巧与人证的保护。

调查工作必须明确物证和人证材料之间的关系，物证是爆破事故现场中客观存在的，不以人的主观意识为转移的客观事实；人证材料却会受到提供材料人的认识能力和心理状态的影响，往往带有人的主观意识。但是，由于物证和人证材料必须是统一的，人证材料中的情况必须在爆破事故现场中有所反映，同时必须，而且只能用物证去核实人证材料的真伪。因此，爆破事故调查必须以客观事实为依据，坚持实事求是，重依据，重调查研究。

8.2.2.5　现场照相

现场照相或录像是收集物证的重要手段之一。其主要目的是通过拍照、录像手段提供事故现场的画面，包括部件、环境及能帮助发现事故原因的物证等，证实和记录人员伤害、财产损失和环境破坏的状况。特别是对于那些肉眼看不到的物证、当进行现场调查时很难注意到的细节或证据、某些容易随时间逝去的证据及现场工作中需移动位置的物证。如现场主要地段、遗留物体状态、特点、各种痕迹、血迹、脚印、撞击点、事故原点、移变位移等，用现场照相的手段更为重要。

一个事故在发生过程中，总要触及某些物品，侵害某些客体，并在绝大多数发生事故的现场遗留下某些痕迹和物证。在一些爆破事故现场中，当事人为逃避责任，会千方百计地破坏和伪造现场。无论是伪造还是没有伪造过的，现场上的一切现象是反映现场的实际。通过这些现象能辨别、判定事件的真伪，为研究分析爆破事故性质、事故进程、进行现场物证检验和技术鉴定提供资料，亦为法事审理提供证据。所以爆破事故现场照相和录像影视系统是现场勘察工作的重要组成部分和不可缺少的技术手段。

8.2.2.6　事故图

现场事故图亦是记录现场的一种重要手段。现场事故图是应用制图学的原理和方法，通过绘制比例图、示意图或投影图、立体图的方式，以几何图形来表示现场活动的空间形态，能比较直观、精确地反映现场重要物品的方位与比例关系。如现场位移图、现场全貌图、现场中心图、专项（专业）图。根据需要，也可以绘制出分析图、结构图及地貌图。现场绘图、表格与现场笔录、现场影像系统各有自身特点，相辅相成，不能相互替代。

8.2.2.7　爆破事故现场分析

爆破事故现场分析亦称临场分析或现场讨论，是在现场实地勘验和现场访问结束后，由所有参加现场勘察的人员，全面汇总现场实地勘验和现场访问所得材料，在此基础上，对爆破事故的有关情况进行分析研究和确定对现场处置的一项活动，是现场处理结束后进行深入分析的基础。

8.3 爆破事故现场勘察的方法

一般爆破事故现场勘察的方法步骤为访问、概览、物证搜集与勘测、影视和计算等五种方法。针对爆破事故特点，一般爆破事故亦可采取简单、实用的现场综合勘察方法进行现场勘察。

如前所述，在爆破事故调查人员安全抵达事故现场，经过现场应急处理后，应即刻按照事故调查计划按序开展现场勘察工作。

8.3.1 爆破事故现场调查访问

爆破事故现场调查访问的任务是及时准确地搜集事故的事实材料，因此，调查对象的确定与访问内容、重点是其中心环节。调查人员赶到事故现场，要尽快确定事故目击者、知情者和有关人证。同时要认真地收集、询问有关（1）证人的姓名、职业、地址、联系电话等信息；在某些特殊情况下，也可采用广告、电视、报纸等形式征集有关爆破事故信息，获得证人的支持；（2）发生事故的单位名称、时间、地址及事故发生原因、当时现场现象、详细过程；（3）伤害人员的姓名、性别、年龄、文化程度、职业等自然与家庭情况；（4）受害人和肇事者的自然情况、工作状况、操作程序及以往遵章守纪情况等；（5）工作环境状况与个人防护措施情况；（6）爆破设计、企业与个人资质资格条件、生产工艺过程、爆破信息管理系统和安全管理机制等。

8.3.2 爆破事故现场物证搜集与勘测

8.3.2.1 现场概览勘察

现场概览勘察是爆破事故现场处理的一部分，一般现场勘察人员到达事故现场以后，应首先向事故报告人、发现人、事主、现场保护人员及发案单位负责人等了解爆破事故发生和发现经过的简况，然后进行现场概览勘察。概览勘察和临场访问也可同时进行。

现场概览勘察是在事故现场外围进行巡视观察与查询以了解爆破事故现场全貌概况的勘察。从而合理划定事故现场勘察范围和顺序、确定事故原点（爆炸中心）方位，预防、控制事故隐患及组织细目勘察工作。

8.3.2.2 事故原点勘察

事故原点是构成事故的最初起点（爆炸中心点或第一起火点），即事故中具有因果联系和突变特征的各点中最具初始性的那个点。一次事故，事故原点只能有一个。

事故原点不是事故原因，但它们之间既有区别又有联系。事故原点是指时空上的具体位置，而事故原因是危险因素转化为事故的技术条件。它们的联系在于，事故原因或技术条件不是在别处发生，而正是也只能在事故原点产生，找不到事故原点，就不能正确地进行事故原因分析。

确定事故原点的方法有定义法、逻辑推理法和技术鉴定法。对于爆破事故可以从炸药爆炸承受面的爆炸痕迹特征、爆破飞散物分布情况、人员和设备受损伤部位等方面来进行概算或技术鉴定。一般根据炸药性质、药包形状及其放置方式（埋入、裸露、悬空）和作用介质性质的不同，炸药爆炸形成的事故原点（爆炸中心点）亦即炸点的痕迹几何形状（炸坑、炸洞、炸点、截断、塌陷、悬空）、大小（直径）、深浅、炸点痕迹特征、抛飞作用痕迹、烟痕和气味等也各不相同。

根据爆破或爆炸对岩土等坚硬介质作用特点，一般在介质表面形成锥形（漏斗形）或炸洞形等炸点痕迹，如图 8 - 2 爆破（炸）炸点形态示意图所示。

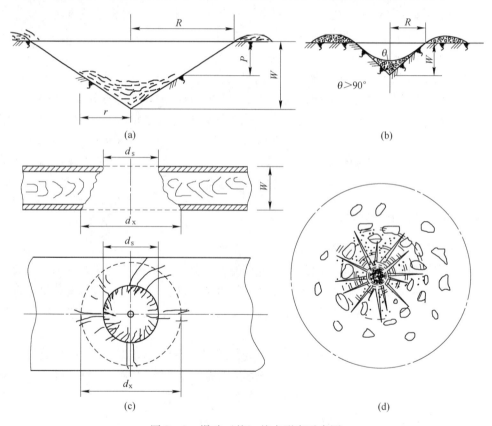

图 8 - 2　爆破（炸）炸点形态示意图

(a) 爆破漏斗坑形炸点；(b)（浅漏斗压痕）坑形炸点；(c) 洞形炸点；(d) 浅表炸点

R—炸坑半径；r—压缩圈半径；W—炸坑深度；P—炸坑可见深度；d_s—炸入上口直径；d_x—炸出下口直径

图中各炸点的几何形态及其构成要素随炸药量、药包位置和邻近介质性质变化而变化。

爆破事故原点（炸点）现场勘测的重点是炸点的炸坑形态大小、炸坑半径 R、炸坑深度 W、炸坑可见深度 P、压缩圈半径 r 及炸坑周围介质被破坏的状态、爆破（炸）残留物和飞散物的飞散范围、空气冲击波破坏范围（门窗玻璃、建构筑物等损坏或人员伤亡）等。并对上述勘测内容认真地进行记录和照录像。

8.3.2.3 物证收集

在事故原点勘测的同时，要及时应用照相、录像、文字记录和绘图等手段，将（1）事故伤亡人员及其肢体残骸在现场的原始状态；（2）爆炸残留物、飞散物的分布状况、方位、距离及设施破坏情况；（3）事故发生时的天气、操作位置与邻近环境和破坏范围状况；（4）导致爆破事故发生有直接联系的事实等记录下来，以便进行分析论证。

8.3.3 爆破事故现场分析

爆破事故现场分析是在现场勘察记录、照录像、实物、图纸和有关证据的基础上，通过爆破事故原点痕迹、爆破飞散物或爆破空气冲击波极限（安全）范围的爆破事故炸药量判定或核算，对爆破事故性质、原因和责任进行初步分析与认定，为事故总结报告奠定基础。

8.4 爆破事故调查报告

8.4.1 爆破物证的检验和鉴定

爆破事故调查报告必须以客观事实为依据，一切认识、分析和总结来源于客观实际，做到有证可据。所谓证据是指现场勘察记录、图纸、照片、实物、有关技术、试验和鉴定资料，以及当事人的陈述及证明人的证词等。有些证据必须经过科学检验或技术鉴定，才能寻求、判定其为事故的证据，才能证明事故发生、发展过程和造成的损失，才能科学地辨别、论定事故的原因和责任。

8.4.1.1 爆炸痕迹检验

爆炸痕迹是爆炸能量使邻近介质压碎（缩）、熔化、变形或结构破坏、位移等现象。如爆破起始作用痕迹、爆炸飞散物作用痕迹和爆炸空气冲击波作用痕迹等。通过爆炸痕迹的形态、破坏作用现象和介质性质特点检验，可以探寻爆炸物设置部位、爆炸性质和炸药数量等信息。

8.4.1.2 物证检验

现场物证检验主要是对爆炸残留物之残片、微量炸药及其分解残留物、包装物、爆炸烟痕、爆炸尘土等的外观检查，或者是进行燃烧、试验及实验室化验分析，以判定炸药类型、成分、包装和激发方式。同时亦可确定其是否可作为物证,是否保存和进行进一步的科学检验与技术鉴定,从而判断该物证与爆炸事故发生的关联情况等。

8.4.1.3　事故现场炸药量的判定

爆破事故炸药量的判定是事故调查分析的首要内容。其判定方法不一,通常都是根据爆破接触介质形成一定范围的爆炸痕迹特征,应用爆破原理估算或校核炸药量。如依据事故原点(炸点)炸痕的几何尺寸、爆炸(破)飞散物极限距离或爆破空气冲击波作用距离范围等进行爆破事故炸药量的估算或校核。

由炸点压缩(碎)痕迹特征估算事故炸药量

$$Q = \frac{4}{3}\pi\rho\left(\frac{R_1}{K_1}\right)^3 \qquad (8-1)$$

式中　Q——事故炸药量,g;

　　　R_1——压缩圈(坑)半径,cm;

　　　K_1——系数,$K_1 = 1.5 \sim 3.0$,坚硬介质取 $K_1 = 1.5 \sim 2.0$,塑性介质取 $K_1 = 2.5 \sim 3.0$,炸药埋入地下时其值增大一倍;

　　　ρ——炸药密度,g/cm^3。

或应用爆破漏斗公式概算事故炸药量,即

$$Q = \rho R_1^3 \qquad (8-2)$$

或应用爆破空气冲击波作用距离来概算事故炸药量,即

$$Q = \left(\frac{R_K}{K_K}\right)^3 \qquad (8-3)$$

式中　R_K——爆破空气冲击波安全(极限)距离,m;

　　　K_K——系数,$K_K = 2.0 \sim 3.0$,其值可由表 8-1 爆破空气冲击波引起的破坏程度与 K_K 值关系查得。

表 8-1　爆破空气冲击波引起的破坏程度与 K_K 值关系表

破坏等级		破坏特征	K_K(地面爆炸)
I	次轻度破坏	玻璃呈大块破坏,屋瓦少量移动,顶棚及隔墙抹灰掉落	12~30
II	轻度破坏	玻璃呈小块破坏,门窗扇小破坏,砖墙裂小缝(小于5mm),屋瓦大量移动,木屋面变形,顶棚及隔墙抹灰大量掉落	8~12
III	中度破坏	玻璃破碎,门窗扇大量破坏,砖墙裂大缝(5~50mm),房屋倾倒,木屋面板、檩条折断	6~7
IV	严重破坏	门窗扇完全破坏,墙裂缝大于50mm,房屋严重倾斜,部分倒塌,木屋盖部分倒塌	3.5~5.0
V	特严重破坏	房屋完全破坏,破坏钢筋混凝土建筑,破坏钢架桥	2~3(地下爆破亦可参考此值)

根据普通民用炸药在空气中爆炸，其空气冲击波可致人死亡。以此时的炸心距计算炸药量，即

$$Q = 0.826R^2 \qquad\qquad (8-4)$$

式中　Q——炸心距为 R 时可致人死亡的炸药量，kg；

　　　R——炸心距，即炸心到人之间的距离，m。

在一个事故现场，以炸心痕迹特征或现场破坏情况，可应用一种或几种方法估算事故炸药量，取其平均值或最大值作为爆破事故现场的炸药量。并通过生产记录或爆炸物品信息管理系统等途径核查爆破事故装药量。

8.4.2　爆破事故深入分析

爆破事故深入分析是在充分掌握现场勘察记录、图像、实物、证人证言、有关技术、试验、鉴定资料和现场分析的基础上，聘请一些较高水平的专家，依据爆破机理、矿山岩体力学理论和生产工艺特征等理论，运用专业技术分析计算法，客观、科学地对爆破事故的性质、根本原因和责任进行全面深入细致的分析，同时，寻求最佳的爆破事故预防与控制方法措施。

8.4.2.1　事故性质分析

爆破事故性质分析是根据客观事实，对事故的类型、类别进行识别判定。要辨别事故是物理爆炸变化还是化学爆炸变化，是燃烧、爆燃还是爆轰事故，是炸药、火药、粉尘还是混合气体爆炸，是爆破事故还是爆炸案件等，从而正确地认定事故性质的类型和类别，为后续工作奠定基础。

8.4.2.2　事故原因分析

爆破事故原因分析是调查事故的关键环节。事故原因确定正确与否将直接影响到事故处理和预防控制措施的制定。事故原因分直接原因和间接原因。

直接原因是直接加害于受害人的因素。即直接原因是直接导致伤亡事故的人的不安全行为或物的不安全状态。如违规、违章施工作业或误操作、注意力分散、冒险、未戴安全帽、或设备、设施缺陷、防护、保险、信号等装置缺乏或有缺陷、无安全标志、噪声大、安全距离不够、爆破隐蔽处所有缺陷、瓦斯超限、安全措施不到位、外来电防护缺陷、作业场地杂乱、贮存方法不安全、生产场地环境不良等。

间接原因是指导致伤亡事故的因素系技术、设计或管理机制缺陷。如爆破设计的参数选取、技术工艺过程、爆破器材选用有缺陷，或教育培训欠缺，不懂安全操作技术知识，没有安全操作规程或不健全，或对现场工作缺乏检查或指导错误，相应安全生产管理机制欠缺，劳动组织不合理，没有或不认真实施爆破事故防范措施，对事故隐患整改不力等。

在进行事故原因分析的时候，应从直接原因入手，逐步深入到间接原因，从

而掌握事故发展过程的全部原因，分清主次，再进行责任分析。

8.4.2.3　事故责任分析

根据爆破事故调查所确认的事实，通过对事故直接原因和间接原因的分析，进而对事故责任进行客观地正确分析，以确定事故中的直接责任者和领导责任者。其目的在于划清事故责任，做出合理处理，使企业领导和职工群众从中吸取教训，改进工作。

在进行事故责任分析时，要区分责任事故与非责任事故，事故调查处理的重点是责任事故。所谓责任事故是因有关人员的过失而造成的事故。非责任事故是由于自然因素造成的、人力不可抗拒的事故，或在技术改造、发明创新、科学实验活动中，因科学技术条件的局限性，无法预测而发生的事故。同时，我们在进行事故责任分析时，还要注意有关人员的工作职责、分工、工作态度及在事故发生过程中的作用（如形成安全隐患、直接引发事故、导致事故扩大等）不同，分清事故责任是个人责任、肇事责任、设计责任、指挥责任或主管领导责任等。

一般对于责任事故的责任划分，有肇事者责任（直接责任者）和领导者责任等。

（1）因下列情形之一造成工伤事故的，应追究其肇事者责任：

1）违章操作；

2）违章指挥；

3）玩忽职守，违反安全责任制和劳动纪律；

4）擅自拆除、毁坏、挪用安全装置和设备。

（2）有下列情形之一者，应当追究事故单位领导者责任：

1）未按规定对职工进行安全教育和技术培训；

2）设备超过检修期限或超负荷运行，或设备有缺陷；

3）没有安全操作规程或规章制度不健全；

4）作业环境不安全或安全装置不齐全；

5）违反职业禁忌证的有关规定；

6）设计有错误，或在施工中违反设计规定和削减安全卫生设施；

7）对已发现安全隐患未采取有效的防护措施，或在事故后仍未采取防护措施，致使同类事故重复发生。

（3）因下列情形之一造成重大或特别重大伤亡事故时，应当追究爆破（厂矿）企业或主管部门主要领导的责任：

1）发布违反劳动保护法规的指示、决定和规章制度，因而造成重大伤亡事故的；

2）无视安全部门的警告，未及时消除安全隐患而造成重大伤亡事故的；

3）安全责任制、安全规章制度、安全操作规程不健全，职工无章可循，或安全管理措施不到位，安全管理混乱而造成重大伤亡事故的；

4）签订的经济承包、租赁等合同，没有劳动安全卫生内容和相应劳动安全措施，造成伤亡事故的；

5）未按规定对职工进行安全教育培训、考核，未持证上岗操作或指挥生产，造成伤亡事故的；

6）劳动条件和作业环境不安全、不卫生，又未采取措施造成伤亡事故的；

7）新建、改建、扩建工程和技术改造项目，安全卫生设施未与主体工程"三同时"而造成伤亡事故的；

8）对危及安全生产的隐患问题不负责任，玩忽职守，不及时整改而导致伤亡事故的。

（4）有下列情形之一的事故责任者或其他有关人员，应从重处罚：

1）利用职权对事故隐瞒不报、谎报、虚报或故意拖延不报的；

2）故意毁灭、伪造、破坏事故现场，干扰事故调查或嫁祸于人的，无正当理由拒绝接受调查以及拒绝提供有关情况资料的；

3）事故发生后，不积极组织抢救或抢救不力，造成更大伤亡的；

4）企业接到"劳动安全监察意见书"后，逾期不消除隐患而发生伤亡事故的；

5）屡次不服从管理、违反规章制度或者强令职工冒险作业的；

6）对批评、制止违章行为和如实反映事故情况的人员进行打击报复的；

7）故意拖延事故调查处理，不按时结案的。

8.4.3 爆破事故经济损失的统计计算

工伤事故不仅造成职工人身伤亡，同时还使国家和个人设施、财产遭受损坏，给国家、企业及个人带来不同程度的经济损失。在进行爆破事故调查过程中，在关注事故经过、性质、原因分析、责任划分等环节的同时，必须对事故导致的经济损失状况进行全面、认真地统计分析，以便全面、准确、直观地评价事故的危害程度。因此，对伤亡事故的经济损失进行统计分析，有助于人们从经济规律方面去认识工伤事故，研究爆破安全与经济效益的关系。

8.4.3.1 爆破伤亡事故经济损失的统计范畴

爆破伤亡事故经济损失是指企业（公司）职工在劳动生产过程中发生伤亡事故所引起的一切经济损失。鉴于伤亡事故经济损失统计计算内容繁多，涉及面广，为了便于管理和统计计算，通常将伤亡事故经济损失的统计范畴简化为直接经济损失和间接经济损失两部分。

直接经济损失是事故造成的人身伤亡及善后处理费用和毁坏财产的价值。亦即事故造成人身伤亡和毁坏财产而损失的全部费用。从保险机制来划分，直接经济损失就是保险公司支付的各项赔偿费。

诚然，除直接经济损失外因事故造成的其他经济损失为间接经济损失。或间接经济损失是因事故导致产值减少、资源破坏和受事故影响而造成其他损失的价值。

根据国家标准《企业职工伤亡事故经济损失统计标准》GB 6721—1986 规定，伤亡事故经济损失的统计范畴如图 8 - 3 直接经济损失和间接经济损失统计范围所示。

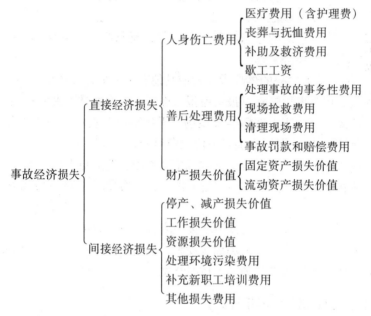

图 8 - 3   直接经济损失和间接经济损失统计范围

8.4.3.2   伤亡事故经济损失计算

A   医疗费用

医疗费用系用于治疗受伤害职工的费用，如药费、住院费、护理费等救护费用。一般此费用都记录在受伤害职工的治疗单位，统计时只需如实节录。对于受伤害职工医疗时间超过事故处理结案时间的伤亡事故，其一名被伤害职工的医疗费用 Q_y 为

$$Q_y = Q_0 + \frac{Q_0}{n_0}n_i \qquad (8-5)$$

式中 Q_y——一名被伤害职工的医疗费，万元；

Q_0——事故结案日前的一名被伤害职工医疗费，万元；

n_0——事故发生之日至结案日的天数，d；

n_i——延续医疗天数（由企业劳资、工会、安全等部门按医疗诊断书确

B 歇工工资

歇工工资是工伤职工在自事故之日起的实际歇工期内，企业支付其本人的工资。这部分工资无论是从工资基金中开支，还是在保险福利费中开支，都应列为经济损失如实上报。若歇工日超过事故结案日时，可按式（8-6）测算：

$$Q_x = Q_r(n_x + n_y) \tag{8-6}$$

式中　Q_x——一名被伤害职工的歇工工资，元；

　　　Q_r——被伤害职工日工资，元/日；

　　　n_x——至事故结案日期的歇工日，d；

　　　n_y——延续歇工日，即事故结案后还需继续歇工的时间，d。

C 工作损失价值的计算

事故使受害者的劳动能力部分或全部丧失而造成的损失为其工作损失，用损失工作日数来度量。其损失价值称为工作损失价值，以被伤害职工少为国家创造的价值来表示。被伤害职工因事故而造成的工作损失价值为

$$Q_s = n_s \frac{P}{mn_g} \tag{8-7}$$

式中　Q_s——工作损失价值，万元；

　　　n_s——一起事故的总损失工作日数，d。死亡1名职工按6000个工作日计算，详参《企业职工伤亡事故分类》；

　　　P——企业上年度税利（税金加利润），万元；

　　　m——企业上年度平均职工人数，人；

　　　n_g——企业上年度法定工作日数，d。

至于事故经济损失的其他费用，如处理事故的事务性费用、控制和救援受灾人员脱离危险现场的现场抢救费用、清理事故现场尘毒污染及为恢复生产而对现场进行整理和清除残留物的清理现场费用、事故罚物和赔偿费用、固定资产废损价值和流动资产损失价值、资源损失价值、处理环境污染费用、或停产、减产损失价值等，可参阅《企业职工伤亡事故经济损失统计标准》进行统计计算或估算或商榷。

诚然，在事故经济损失计算过程中，由于间接经济损失的计算十分困难，人们有时采用直接经济损失乘以一个系数来表示间接经济损失，并推荐了许多不同的比例系数，如海因里希认为直接经济损失与间接经济损失之比为1:4，我国一些专家认为应为1:7，而美国的年度事故报告中基本上按1:1计算。因此，我们认为该比例系数取值应以事故伤害类型和行业性质为据。

8.4.3.3　伤亡事故经济损失评价指标

由上述经济损失计算过程可知，采用绝对经济损失值来评价、比较企业伤亡

事故与爆破安全管理工作，对于不同规模、产值的企业或行业是不够全面、客观与合理的，还应采取相对评价指标，如千人经济损失率 ρ_r 和百万元产值经济损失率 ρ_c 等。

千人经济损失率 ρ_r 是企业平均每千人的事故经济损失值。它将事故经济损失与职工群众的切身利益相联系，表明了全体职工中平均每千人因事故而遭受的经济损失程度，即

$$\rho_r = \frac{Q_n}{n_r} \times 10^3 \tag{8-8}$$

式中　ρ_r——千人经济损失率，万元/千人；

　　　Q_n——企业全年经济损失，万元；

　　　n_r——企业平均职工人数，人。

百万元产值经济损失率是企业平均每创造 100 万元产值因事故而损失的价值。它直接反映了事故经济损失给企业经济效益带来的影响。其计算公式为：

$$\rho_c = \frac{Q_n}{Q_z} \times 10^2 \tag{8-9}$$

式中　ρ_c——百万元产值经济损失率，万元/百万元；

　　　Q_n——企业全年经济损失，万元；

　　　Q_z——企业总产值，万元。

8.4.4　爆破事故调查报告

根据爆破事故调查掌握的大量实际调查材料的分析总结，应撰写内容翔实、科学、客观地反映爆破事故真相及其实质的事故调查报告。爆破事故调查报告是事故调查后必须形成的文字材料，其内容一般包括事故单位基本情况、事故经过、事故原因、事故性质和对有关责任者处理意见、事故教训与今后防范措施、今后进一步研究的问题或对企业法规等修改意见、附件等。

爆破事故调查报告分标题、正文和附件三部分。

8.4.4.1　标题

标题是事故调查报告的题目名称。爆破事故调查报告的标题一般采用公文式，即"关于……爆破事故调查报告"或"……爆破事故调查报告"，如"深圳市清水河'8·5'特大爆炸火灾事故调查报告"、"关于阜新市'11·27'特大火灾伤亡事故的调查处理报告"等。

8.4.4.2　正文

正文是事故调查报告的核心表征，一般分为前言、主体、结尾和附件四部分：

（1）前言。前言部分一般应简要地写明事故调查概况，包括调查对象、问题、时间、地点、方法、调查目的和结果等。如 1994 年 11 月 13 日 12：15 时，

××矿务局××矿四井发生一起特别重大煤尘爆炸事故，死亡 79 人，伤 129 人，直接经济损失 320 万元。

（2）主体。主体是事故调查报告的主要部分，应详细介绍事故调查中的情况和事实，以及对这些情况和事实所做的分析。

爆破事故调查报告的主体一般采用纵式结构撰写，即按事故发生的过程和事实、事故原因、性质和责任、处理意见与建议整改措施的顺序编写。这种撰写方式自然顺畅，便于阅读和对事故发展过程的清楚了解及对相应结论的认识。一般正文部分的典型子标题有"事故发生过程及原因分析、事故性质和责任、结论、教训与改进措施"。

（3）结尾。结尾是在写完事故调查报告主体部分之后，总结全文，得出事故调查结论。这样能够深化报告主题，可以加深人们对全篇调查报告内容的印象。当然，爆破事故调查报告的形式不尽如此，亦可依事故特征与环境特点，采用其他文案结构形式书写。

（4）附件。在爆破事故调查报告中，为了保证正文叙述的完整性、连贯性及有关证明材料的完整可靠性，一般在调查报告的最后部分采用附件的形式，将有关技术鉴定报告、笔录、图纸、照片等附于报告之后；也有将爆破事故调查成员名单或在特大事故中的死亡人员名单等作为附件列于正文之后，供有关人员查阅。

8.4.4.3 爆破事故调查报告实例

安徽 6·16 特大爆炸事故调查报告

目录
1 事故简介
2 发生事故的企业及生产工房基本情况
　2.1 发生事故企业基本情况
　2.2 发生事故的工房基本情况
3 事故调查
　3.1 专家组组成及任务
　3.2 人员伤亡状况
　3.3 生产设备破坏情况
　3.4 生产工房及周围建（构）筑物（含环境）破坏情况
　3.5 爆炸药量计算
　　3.5.1 根据事故周围建（构）筑物状况计算爆炸药量
　　3.5.2 根据生产车间收发记录和有关调查推算爆炸药量
　　3.5.3 根据监控系统记录估算爆炸药量
4 事故原因分析
　4.1 生产工艺介绍

8.5　爆破事故应急预案

　　安全是生产生活活动的永恒话题，安全贯彻生产的全过程。生产实践表明，在生产过程中各种潜显危险因素的存在与失控，可能产生某种突发的偶然事件，造成大量的人员伤亡、财产损失或环境损害，时而威胁安全生产。根据目前的技术水平，现在我们还无法准确预测、控制某些事故或灾害的发生，因此，安全是相对的。但是为了实现生产过程的本质安全，依据"安全第一，预防为主、综合治理"的安全生产方针，要强化安全第一、预防为主的安全思想观念，生产中真正做到把安全放在首位，把安全生产工作的重心放在预防上，生产伊始就要认真排查、识别隐患，预防、控制风险，从源头上预防、控制、减少生产安全事故或灾害。亦即在某事故或灾害发生之前，依照《安全生产法》、《危险化学品安全管理条例》、《关于加强安全生产应急管理工作的意见》和《爆破安全规程》等要求，就预先制定周密的爆破事故应急预案，建立事故应急管理体制和应急救援系统，则可将事故或灾害的发生与破坏后果降至最低。例如2003年12月23日重庆市开县高桥镇发生的石油井喷特大事故，造成243人死亡，经济损失严重。而2007年3月25日同样的地点发生井漏事故，由于中石油及四川气田公司预先建立了事故应急救援体制和应急预案，依靠科学技术，地企联动，有序果断处置,安全转移群众 1 万余人,但没有造成一人死亡。

诸多生产实例证明了爆破事故应急预案的重要作用,特别是突发或失控偶然事件的主动预防、预控、救援的快速性、有序性和有效性。预案是预先制定的应急救援行动预防计划,有时事故可能没有发生,但没有应急预案是绝对不行的,凡事预则立,不预则废。因此,企业在进行爆破设计生产时必须制定事故应急预案,进行事故应急管理。

8.5.1 爆破事故应急管理体系

爆破事故应急管理体系是对可能的重大事故(件)或灾害预建的应急管理机构机制与计划。我国的应急管理体系建设的核心内容是"一案三制",即应急预案、应急体制、应急机制和法制,其共同构成了我国应急管理体系的基本框架。

8.5.1.1 应急预案

应急预案是针对可能的重大事故或灾害而预先制定的应急救援对策方案。事故应急预案的主要作用与功效是"防患于未然",以确定性应对不确定性,化不确定性的突发事件为确定性的常规事件,转应急管理为常规管理,实现了以临时性管理到制度化管理,有效地预防、控制和减少爆破事故发生与破坏后果。

8.5.1.2 应急管理体制

应急管理体制是可能的事故应急管理机构的组织形式,有时亦称组织领导体制。应急管理体制是一个由横向和纵向机构、政府机构与社会组织相结合的复杂系统,主要包括领导指挥机构、专项应急工作机构、日常办事机构及专家组等不同层次。

8.5.1.3 应急管理机制

应急管理机制是管理控制突发事件全过程而制定的制度化、程序化的应急管理法规、方法与措施。其工作重心是主动、有序地科学组织协调各方面的资源和能力来有效地防范与处置突发事件。应急管理机制主要包括预防准则、预测预警、信息报告、决策指挥、先期处置、应急响应、危机沟通、社会动员、恢复重建、调查评估和应急保障等内容。

8.5.1.4 应急管理法制

应急管理法制是可能的突发事件在紧急状态下规范处理各种社会关系的法律和原则。其主要作用是明确紧急状态下特殊行政程序的规范,对紧急状态下行政越权和滥用权利进行监督并对权力救济做出具体规定,从而使应急管理逐步走向规范化、制度化和法制化的轨道。

"一案三制"具有不同的内涵属性和功能特征。其体制是基础,机制是关键,法制是保证,预案是前提,是事故预防、预控、救援的程序与方法,它们共同构成了应急管理体系的核心要素。

8.5.2   爆破事故应急管理过程

尽管重大爆破事故的发生具有突发性和偶然性，但重大事故的应急管理不只限于事故发生后的应急救援行动。根据"预防为主，常备不懈"的应急思想观念，应急管理要贯穿于爆破事故发生前、中、后的各个阶段，是一个动态管理过程。应急管理包括预防、准备、响应、恢复四个阶段。

8.5.2.1   预防

预防是预先通过爆破安全管理、爆破安全控制技术和预防措施等对策以尽力预防、控制、消除或降低事故的发生或破坏后果的先期工作。如风险评估、毫秒爆破、设置防护屏障以及开展安全技能教育等。

8.5.2.2   准备

准备是针对可能发生的爆破事故而预先组织落实的应急行动对策的各种准备工作。其目的是应对事故发生而迅速地提高应急行动能力及推进有效地响应工作。如爆破应急组织的组建、应急预案的制定、应急队伍的建设、应急设备物资的准备、预案的演练等。

8.5.2.3   响应

响应是指事故发生后立即采取的应急救援对策行动。目的是控制保护、减少生命、财产和环境的损失与破坏至最低程度，并利于恢复。响应的内容包括分级响应、指挥协调、紧急处置、医疗卫生救护、应急人员和群众的安全防护、社会动员参与、现场检测与评估、对公众应急事务说明、应急结束等。

8.5.2.4   恢复

恢复是指爆破事故发生后立即使生产生活恢复到正常状态或得到进一步改善的工作。如爆破事故善后处置、保险、事故调查报告及经验教训总结与改进建议。

8.5.3   爆破事故应急响应程序

爆破事故应急体系的标准化应急响应程序按过程分为接警、响应级别确定、报警、应急启动、救援行动、扩大应急、应急救援和应急结束几个阶段。如图8-4应急救援体系响应程序图所示。

事故发生后，报警信息应迅速汇集到应急救援指挥中心并立即传递到各专业或区域应急指挥中心。性质严重的重大事故灾害的报警应及时向上级应急指挥机关和相应行政领导报送。接警时应做好爆破事故的详细情况和联系方式等记录。报警得到初步认定后立即按规定程序发出预警信息和及时发布警报。应急救援中心接到报警后，应立即建立与事故现场的企业应急机构的联系，根据事故报告的详细信息，对警情做出判断，由应急中心值班负责人或现场指挥人员初步确定相应的相应级别。如果事故不足以启动救援体系的最低响应级别，则通知应急机构和其他有关部门后响应关闭。

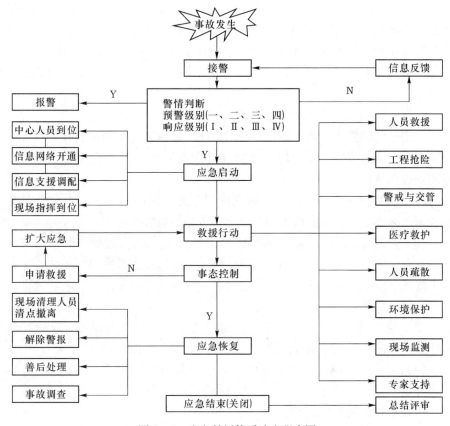

图 8-4　应急救援体系响应程序图

8.5.4　爆破事故应急预案

爆破事故应急预案的指导思想是预防为主，而预防工作又是事故应急救援工作的基础，因此，事故应急功能设置的基本应急行动和任务，必须贯彻统一指挥、分级负责、区域为主、单位自救与社会互救相结合，迅速有效地实施应急救援，尽可能地避免和减少伤亡损失。

8.5.4.1　爆破事故应急预案编制原则

爆破事故应急预案编制原则包括：

（1）科学性。事故应急救援工作是一项科学性很强的工作，制订应急预案必须在调查研究的基础上，对危险源进行科学的识别、分析和论证，以制定出严格、统一、完整的应急反应方案，使爆破应急预案真正具有科学性和有效性。

(2) 实用性。应急预案要针对企业爆破生产工艺或现场危险性分析评价情况，明确爆破安全控制技术和应急保障措施，使应急预案结合实际，内容明确、具体，具有很强的适用性和实用性，便于迅速、有效地进行应急响应操作。

(3) 权威性。事故救援工作是一项紧急状态下的应急性工作，所制定的爆破事故应急预案应明确救援工作的管理体系、救援行动的组织指挥权限和各级救援组织的职责与任务等一系列行政管理机能，保证救援工作的有序、统一指挥。应急预案应经上级部门批准后才能实施，保证应急预案具有一定的权威性和法律保障。

8.5.4.2　事故应急预案的内容

按照不同的变化主体，不论是国家总体应急预案、专项应急预案、部门应急预案、地方应急预案、企业应急预案（含现场）或大型集会应急预案，其编制内容一般包括：

(1) 应急组织机构机制。明确本单位应急组织机构设置、人员及日常与应急状态下工作职责、应急指挥和各应急救援小组设置及职责等。

(2) 危险源识别和危险性评估。对本单位生产工艺过程中潜显危险源的类型、地点、偶发特性进行识别、分析，科学地评估重大危险源可能会诱发什么样的事故或衍性事故和可能导致什么紧急事件及事故影响范围、后果、危害程度与所需应急级别等。

(3) 应急设备及设施。明确应急时可用于救援抢险的设备、设施和器材及其性状，列出各类应急资源的分布和与有关部门的相关联系等。

(4) 应急功能设置。为保证事故应急必需的行动和任务之及时、合理、连续、有效，应明确描述使用应急通讯设备的报警程序、通讯程序、疏散程序、交通管制程序和恢复程序。

(5) 预防控制对策。事故的预防、控制和应急救援工作是应急救援预案的主要部分，其编制的科学性、合理性和实用性是预案有效及时实施的保证。其主要对策有爆破安全技术、爆破安全防护措施和爆破安全管理等。

(6) 应急恢复与演练。明确事故应急终止、恢复及各项计划更新维护的负责人，制定确保不发生未经授权即进入事故现场的措施，确定事故调查、记录、评估应急反应的方法等。

8.5.4.3　爆破事故应急预案

从事故应急预案的文件格式来讲，对每一个应急预案应按其特点和涉及部门与功能的不同，将预案分成几个独立的部分，并最终形成一个完整的体系。一般一个爆破事故应急预案包括以下四个层次：

(1) 应急计划。应急计划包含应急预案目标、应急组织机构机制和紧急情况管理政策等。

（2）应急程序。应急程序是说明某个行动的目的和范围。程序内容详细准确，十分具体地明确某行动该做什么，由谁什么时间到什么地点去执行等。它的目的是应急行动的指南，其程序和格式要简洁明了，以确保执行应急步骤的准确性。格式可用文字叙述、流程图表或其组合。

（3）紧急行动说明书。紧急行动说明书亦即行动指南，对程序中的特定任务及某些行动细节进行说明，以利应急人员等使用，如应急人员职责说明书、应急监测设备使用说明书等。

（4）应急行动记录。应急行动记录是应急行动期间的通讯记录、每一步应急行动记录等。

以上应急预案层层递进，详细、完整、准确、清晰，从管理角度而言，便于归类管理，可保证应急预案的有效实用性。

8.5.4.4 爆破企业应急预案范例

鞍钢发电厂 120m 烟囱拆除爆破工程应急预案

目录（略）

1 公司简介（略）

2 编制目的依据（略）

3 工程概况

3.1 工程结构特征

鞍山钢铁公司是我国重要的工业基地，为充分发挥其效能，在技术改造过程中，需将鞍钢二电厂内一座 120m 高的烟囱拆除。该烟囱系钢筋混凝土结构，底部外径 9.3m，内径 8.3m，壁厚 500mm；顶部外径 6.4m，壁厚 160mm。烟囱 17.5m 以下筒壁为双层钢筋混凝土结构，外层主筋为 ϕ22mm 的螺纹钢，内层主筋为 ϕ14mm 的圆钢。烟囱自重 3461t，避雷器等钢构件重 76.3t。烟囱体 0.0m 标高以上，南、北两侧分别设置宽×高 = 1.8m×2.5m 的灰道口，特别是在烟囱体 4.8m 标高处为 400mm 厚的混凝土烟囱平托台，其中间设一集灰清灰漏斗，而该混凝土平托台的井字支撑架由紧贴烟囱内壁的 8 根钢筋混凝土立柱支撑，立柱断面为 400mm×500mm，同时在 5.0m 标高处以上，南、北两侧分别设有宽×高 = 4.8m×9.4m 的两个进风口。

3.2 爆区环境情况

该烟囱位于鞍钢第二发电厂院内，东距发电厂主厂房裙楼 1.3m；南面 30m 处有 3 条架空煤气管网，50m 处为厂办公楼；西侧 30m 处有 4 对厂区铁路线、40m 处是 6.6 万伏高压线路及照明线缆、厂房与铁路设施；北面 27.5m 为厂区泵站和空气压缩站等。其爆区平面位置如图 1 所示（略）。

3.3 工程要求

必须一次爆破成功，确保周围紧邻的高压电、煤气、铁路管网和厂房等建（构）筑物安全；控制杜绝早爆、拒爆或爆破振动、飞散物等公害影响；在 7 天内完成烟囱拆除爆破，为整个厂区技术改造创造条件。

3.4　爆破拆除方案选择

根据待拆除烟囱的结构特征、爆区环境条件（无倾倒方向）和工程要求等因素，运用失稳原理、构件强度理论和安全防护准则，通过对人机拆除、折叠控制爆破拆除和定向控制爆破拆除等方案的技术、经济和安全性论证分析，尤其是对烟囱体内 4.8m 高的混凝土平台与烟囱体巨大进风口等处的结构强度与刚度特征计算分析，为保证烟囱爆破倾覆运动动力过程的平稳性和定向准确性，最终选择人工开创烟囱倾覆条件，即在其北偏西 20° 方向轴线上 80m 处，将 3m 高的厂围墙预开一个 7m 宽的豁口，90～120m 处预拆除 5 条既有铁路轨线，为烟囱拆除爆破倾倒创造条件，即选择 N20°W 为倾倒中心线在左右 10° 夹角范围内定向控制爆破拆除方案。

4　危险源识别分析与评价

4.1　危险源识别分析（略，仅指出危险源）

根据爆破施工特点，在烟囱拆除爆破施工作业过程中可能存在的危险源有：早爆或拒爆、烟囱爆破倾覆方位偏转、滚动或后座、振动或爆破飞散物或空气冲击波等危害效应伤人或破坏邻近建（构）筑物、设施安全或火灾、中毒、断电事故等伤人、污染环境或爆破器材丢失、被盗等事件。

4.2　爆破安全评价

4.2.1　拆除爆破设计方案的科学性和实用性（略）

4.2.2　安全预防对策，为了预防、控制和减少爆破事故损伤，采取科学可靠的安全控制技术、安全管理技术与安全防护措施（具体从略）。例如爆破缺口位置与参数的合理选择计算（将其原缺口位置原设计的 5.5m 高处改为 0.5m 高处，并以该处 8 根立柱的爆破时序控制其烟囱倾倒方向）、开创确保烟囱爆破倾覆方向准确性与平稳性的导向窗和定向窗，采用对称（时间、几何、药量）的非电毫秒延时环形网路起爆技术、试爆；制定规范的安全管理规章制度、操作规范、标准及安全监测检查、文明施工等；采用多层湿敷草垫子加铁丝网防护爆破飞散物、在倾倒中心线 80m 处设置长×宽×高 = 12m×5m×3m 的缓冲垫层、于 110～120m 处挖深×宽 = 3m×5m 缓冲沟供上端部烟囱体倾（冲）入、在邻近建（构）筑物设施处设置减振沟或防护屏障、爆破振动监测等措施（具体略）。

5　应急救援组织机构机制

5.1　应急救援指挥部及其救援行动机构

5.1.1　指挥部

总指挥　　　鞍山钢铁公司副总经理（生产）　　×××　　电话

副总指挥　　　鞍钢矿建公司总经理　　　　　×××　电话
指挥部成员　　大连金源爆破工程有限公司　　×××　电话
　　　　　　　东北大学爆破教研室　　　　　×××　电话
　　　　　　　鞍钢生产部、安检部、总调度室、鞍山市公安局、鞍钢公安分局

5.1.2　应急救援指挥部职责（略）

贯彻执行国家、企业（公司）有关重大安全事故预案救援法规、负责重大安全事故救援工作的指挥、组织、协调各救援队伍进行抢险、救援、对重大应急问题进行研究决策、组织事故调查报告、善后处理与协调等。

5.1.3　人员责任与分工（略）

5.1.4　应急救援机构

（1）应急救援信息网络中心（通信联络、生产调度）（略）；

（2）抢险救护组　由抢险救护、医疗等部门骨干力量组成（分工与任务略），并配备所需应急救援物资器材（略）；

（3）抢修组　由煤气、电力、铁路、企业（公司）等部门工程技术人员和安全维修人员组成（略），其职责任务（略）；

（4）安全警戒组　其组成与职责（略）；

（5）后勤组　主要负责应急救援物资器材、用品的供应与接待等。其组成与职责分工（略）；

（6）消防组（略）；

（7）技术组（略）。

6　应急救援工作程序（详情从略）

主要是负责报警、向有关领导和应急指挥部报告事故时间、地点、事故概况，全面启动事故应急处理程序；快速实施现场抢险救援工作、控制事故扩大或衍生；消防与人员疏散；解除警戒、进行事故调查等。

7　应急预案演练、评价与维修（略）

1998 年 9 月 30 日 13：58 时烟囱拆除工程准时起爆，烟囱按设计方位平稳准确地倾覆于缓冲沟内。真正做到了"百分之百准确，百分之百安全"。

××民爆公司应急预案

1　基本情况（略）

1.1　公司简介（略）

1.2　公司基本情况（略）

危险化学品及其储量；地理位置；总图布置；交通状况；周围企业及居民情况；人员分布；面积、地形、地貌、河流；可能的滞留和污染；重点保护目标；风向、风速、每月风频率、大气垂直稳定度等气象条件。

1.3　危险性分析

本公司主要生产工业雷管、工业炸药等五大系列 10 多种民用爆破器材产品。生产过程具有易燃、易爆、有毒等特点。许多工序突然停电、断气易造成操作失控，以及自然灾害等原因，可造成火灾、爆炸、人员中毒和窒息等灾难性事件。

1.4　公司内外消防设施及人员状况（略）

1.5　公司医疗卫生设施及厂外医疗机构（略）

1.6　灾难性事件应急救援指挥体系图（略）

1.7　重大危险源分布图及救援路线图（略）

2　重大危险源的确定及分布

2.1　工业雷管、工业炸药生产中重大危险源的确定及分布

2.2　毒物名称级别及波及范围

3　公司灾难性事件应急救援组织机构与责任

3.1　灾难性事件应急救援指挥部及职责

总指挥：公司总经理

副总指挥：执行总经理、总工程师、生产部长、工会主席。

指挥部成员：副总工程师及生产、安全环保、机动、建安公司、公安、供应、销售、运输、计量、质检、职工医院、职防所、总务、财务、各分厂领导。

指挥部的职责如下：

审定重大事故处理预案；

负责公司重大事故应急救援工作的指挥、组织调动各抢险队、救灾抢险；

随时研究救灾情况与出现的新问题，对重大问题做出决策；

组织有关部门做好善后处理及事故统计报告工作。

3.2　人员责任及分工

总指挥：指挥部的领导核心，负责指挥、组织协调灾难性事件应急救援工作，对重大问题决策，下达救援抢险命令。

副总指挥：在总指挥领导下，组织指挥应急救援抢险工作的实施，指挥协调各抢险队的抢险工作。向上级有关部门报告，组织搞好善后处理。

各副总工程师：为总指挥和副总指挥当好助手，为重大问题的决策当好参谋。

生产处长：在生产部长的领导下，负责事故信息的传递，生产系统在非正常情况下的应急处理和生产调度。

安环处长：协助副总指挥，做好事故报告、事故应急救援工作的实施，了解各抢险队的抢险情况和存在问题，接待好上级安全生产综合管理部门和有关部门领导，及时了解事故的人员伤亡情况，搞好事故调查处理。

主管环保处长：了解事故的危害范围，协助抢险队对危险范围内的人员疏散

和保护，了解环境污染情况和人员伤害情况，协同质检处监测站及时对危害范围的环境监测。

公安处长：负责重大事故现场的治安保卫、警戒。组织防化抢险队抢险，负责危险范围内的人员（含厂外居民）疏散和危险警戒线的警戒等，如发生重大火灾、爆炸事故，协助正、副总指挥搞好应急救援工作的实施和与上级消防部门的接洽等。

机动处长：协助正、副总指挥组织对发生事故设备的抢险、抢修，组织对事故现场的电气、水源、蒸汽等应急问题的处理。

技术处长：协助副总指挥，对事故现场、危险部位和其他有可能波及的生产工艺处理，做出决策。

质检处长：负责组织对事故现场及扩散区的环境污染进行及时的监测和跟踪。

职工医院院长和职防所所长：负责组织对事故现场的伤员急救及灾害扩散范围内的伤员急救和处理。并协助指挥部做好善后处理工作。

运输处长：负责事故抢险救援物资的运输，协助火灾扩散范围的人员疏散工作。

供应处长：负责抢险救灾物资的及时供应。

办公室主任：协助指挥部做好一切对外发布信息和接待工作，车辆安排等，协同工会及有关部门做好事故善后处理。

总务处长：负责事故应急救援工作的总后勤，组织和安排各种后勤工作，协助有关部门搞好善后处理。

其他处室和各分厂厂长：在本职工作范围内，协助指挥部门和有关部门搞好相关的处理工作。各分厂厂长，重点抓好本分厂在非正常情况下的安全生产，听从指挥部调动。

4 重大危险源的确定

重大危险源的确定原则及依据：

（1）依据《爆炸危险场所安全规定》（1995）56 号文的通知精神，划分的特别危险场所。

（2）依据《重大危险源辨识》（GB 18218—2009）进行危险源辨识。

（3）一旦突发停水、停电或停气时，能造成失控，易发生火灾、爆炸事故或者造成有毒气体外泄事故的主要危险部位。

（4）在人们不可抗拒的自然灾害情况下，如地震、水灾、战争等，易造成火灾、爆炸或者毒物外泄，发生重大社会性灾害事故的生产工序、生产设备和贮存设备。

（5）重大危险源的确定。凡属特别危险场所，并能造成灾难性事件的场所或者部位，制造、加工、贮存或处理超过临界量的特定物质的设备、设施或单元为重大危险源。

（6）危险场所划分和危险源辨识结果（略）。

5　应急救援工作的一般程序

（1）受理警报。

（2）通知有关领导和指挥部成员，尽快形成指挥中心。

（3）分析事故性质和后果严重程度（厂级事故、地区事故、省级事故、特种事故）。

（4）下达事故抢救命令，通报设立事故警戒线。

（5）按事故应急计划统一指挥，组织救灾抢险工作。

（6）组织检查事故现场，消除灾害隐患，防止二次事故发生。

（7）解除灾害警戒。

（8）组织调查灾害。

（9）做好善后处理。

（10）提出重大事故综合报告。

6　灾害性事件应急救援通信联络系统

6.1　应急救援信息网络中心——生产调度室

厂生产处调度室为信息网络中心，生产处长为负责人，以每班调度长为信息负责人，各分厂值班长、班长为信息员，组成公司灾难性事件应急救援信息网络：

通讯电话：××××××

厂内电话：××××××

厂报警电话：××××××

气体防护站电话：××××××

危险边界警戒线为黄黑带，警戒哨佩戴袖章，救护车鸣灯。

6.2　信息传递网络图（略）

6.3　信息传递电话簿（信息中心专用）

6.4　信息传递要求

（1）各分厂一旦发生重大事故，信息员立即用电话通知生产调度室，当发生重大火灾事故情况特别紧急时，可同时报警呼救。一般情况要由生产调度长来确定。

（2）调度室接到报警后，立即查问事故概况，由调度长组织调度员分头通知和请示主管部长、总经理，通知有关处室的处长，必要时通知总值班和总计协助传递信息，并做记录。

（3）由主管部长或总经理决定是否向上级有关部门汇报或者呼救，由办公室执行。

（4）指挥部成员和有关处室领导得到信息后，立即到调度室（指挥部）。

（5）电话总机得到信息后要确保事故应急救援信息传递畅通，必要时可中断无关的长途和外线电话，主动协助指挥部传递信息。

（6）各分厂电话在抢险救灾过程中，一律不得私人外用。

7 应急救援抢险的主要对象与原则

（1）发生重大事故后，应急救援人员首先抢救受伤人员，要及时把现场中毒、受伤人员救出现场。

（2）在抢救受伤人员的同时，要立即切断危险源和堵塞泄漏点。

（3）及时隔离封闭火灾事故现场与可能波及的危险源，以控制事故的发展趋势。

（4）当紧急事态出现时，一定要坚持先自救的原则，及时把事故消灭在初始状态。但也要量力而行，无力量自救的要及时报警，请求社会救援，不能贻误救灾时机。

（5）化工企业发生事故的特点往往在于火灾、爆炸、中毒现场同时存在，所以在防火救灾的同时，也要防止中毒事故。

8 应急救援专业队伍与任务

本着自救为主的原则，公司应急救援指挥部下设七个救灾抢险队。

（1）抢救队（医疗救护）。由职工医院、职防所组成一个或多个抢救队，由职防所、内科、外科、骨科等骨干力量组成。配备救护车、担架、急救箱、常用急救药和器具。

队长：由职工医院院长、职防所所长担任正副队长。

主要任务：负责抢救事故现场及波及范围的受伤中毒人员，把受伤、中毒人员及时从事故现场抢救出来，在防化抢险队将伤员或中毒人员救出现场后，就地急救或送职工医院救护。

（2）防化抢险队。由公安处组织经专业培训的防化队员 30 人，队员配备防化服、防毒器材、面具、担架等专业设施，传呼通信联络设备，警卫车 1 辆。

队长：由公安处处长担任。

主要任务：主要负责化学事故的现场抢险，及时把事故现场泄漏部位查明，提出堵漏意见，抢救受伤、中毒人员脱离现场，指导毒物波及范围的群众疏散，协助抢修队及时消除、堵塞泄漏源。

（3）抢险抢修队。由建安公司组织由钳工、焊工、起重工、车工及电力分厂组织的电工组成 30 人的抢险抢修队。

队长：由机动处处长担任。

副队长：由建安公司主管副经理和电力分厂的主管厂长担任。

主要任务：负责发生事故的有关设备、电气等抢险、堵漏、抢修任务。

（4）治安保卫队。由公安处保卫科及经警组成。

队长：由公安处主管处长担任。

副队长：由公安处保卫科长和经警队长担任。

主要任务：负责事故现场治安、交通管制、危险范围的警戒，协助抢救队指导群众疏散，同时也要维护厂内其他重要部位的安全保卫。

（5）后勤服务队。由供应处、总务处、运输处、办公室、生活服务公司等综合组成后勤服务队。

队长：由办公室主任担任，下设两个组：

1）物资供应组：由供应处、运输处、主管领导任正副组长。

主要任务：负责抢险救灾物资的供应和运输。

2）生活服务组：由总务处处长和生活服务公司经理担任正副组长。

主要任务：负责抢险救灾有关人员和上级有关领导的接待和受伤人员的生活安排等。

（6）通信联络队（同信息网络中心）。

主要任务：负责内外通信联系，各队之间及与指挥部的联络，传达指挥部的命令等。

（7）消防队。由公安处防火科组成。

队长：由公安处主管处长担任。

主要任务：一旦发生重大火灾爆炸事故，负责组织全员力量自救，衔接市、区等消防力量的投入和指导。

思　考　题

1. 根据爆破事故的性质和特点，爆破事故分为哪几类？
2. 爆破事故调查的原则是什么？
3. 简述爆破事故调查的对象和程序。
4. 简述爆破事故现场勘察的主要方法。
5. 什么是爆破事故证据？怎样进行事故证据鉴定？
6. 怎样进行爆破事故的深入分析？
7. 爆破事故经济损失包括哪些方面？
8. 什么是爆破事故应急预案？为什么要制定爆破事故应急预案？
9. 编制爆破事故应急预案的原则是什么？
10. 简述爆破事故应急预案的主要内容。

9 爆破事故案例

案例1 某公司在某市月亮湾20万千瓦电厂工地进行硐室爆破。申报的爆破设计方案是掘进3条平硐、6个药室,总装药量为20.573t,分6段进行毫秒起爆。在硐室施工中擅自改为2条平硐、3个药室,总装药量仍达20.444t。导硐布置有明显缺陷,平硐与药室的连接横巷一条过短,一条夹角成大钝角。在硐室施工结束后未进行正式验收、又未上报审批就匆匆进行爆破作业。同时在装填施工中赶进度,堵塞不实,起爆顺序又选择有误,起爆后2条硐室均发生冲炮,大量石块飞向距爆区150~250m的光大木材有限公司(中外合资)厂房。

案例2 某矿进行露天松动大爆破,装药前未校核药包最小抵抗线值,实际上最小抵抗线值已由原设计的20m减小到14m,但仍按20m的最小抵抗线值计算药量装药,药量增加近两倍。结果爆破后最远飞石距离超过1000m,造成击伤26人,砸坏房屋18间、电铲1台的重大事故。

案例3 1987年3月14日,某公司在某市鬼谷岭进行场地平地爆破,爆破设计布置3条平硐、18个药室,总装药量为18.372t。在3号平硐进行装填施工的民工队擅自减小堵塞长度,降低堵塞质量。结果起爆后发生硐口冲泡,有十几块碎石越过硐口前方小山脊,飞落到水平距离180~200m以外正基建中的广东省浮法玻璃(中外合资)厂房,把铝合金板屋顶砸穿12个洞,将厂里一台备用发电机油箱底盖砸裂。事后索赔人民币12万元,致该地区爆破因此中断。

案例4 1980年12月江西鹰潭火车站进行深孔爆破,爆破岩石为红色砂岩,炮孔直径150mm,孔深从0.6~5.6m不等,炮孔间距2.3m,排距2.0m,炮孔总数1436个,炸药单耗1.2kg/m³,总装药量22.7t。采用导爆索齐发起爆,共消耗导爆索9600m(地表敷设4000m),爆破时天阴,气温5℃。爆破后距爆区650~700m,比爆区低10~20m的鹰潭石油库区有近百扇玻璃全部破碎,两层的办公楼和平房住宅的木窗框向室内移位0.5~2.0cm,三座仓库的木大门断损,一座仓库的屋顶桁架坍陷,许多平房天花板抹灰大面积脱落;距爆区1300m的某部后勤基地修理车间之四周砌石承重墙,有多条1~3mm宽裂缝,四幢住宅室内抹灰大量脱落,外走廊砖柱移位1~3mm,俱乐部内的吊灯振落19盏;距爆区2~3km远的市区房屋有个别玻璃窗损坏,居民感到强烈振动。

案例5 1992年8月,深圳盐田港一次硐室大爆破。共有两条导硐、10个条形药包,总装药量28.926t。采用复式并串并电起爆网路。在完成装药开始堵塞施工时，工地天空突降暴雨，随之雷电交加，第一次落雷使距爆区 200m 外 10kV 高压线起火。随后雷电将 2 号硐一药包（装药量为 2.28t）引爆。2 号硐被炸塌，造成 15 人死亡的特大恶性事故。

案例 6　1986 年 5 月 27 日，某县上水径村大埔采石场进行浅眼扩壶爆破，当第一次扩壶爆破后，随即装药拟进行第二次药壶爆破。因孔壁温度过高，2 人尚未离开现场药包即爆炸。1 人被爆炸气浪抛出 14m 远，当场死亡。另 1 人被抛离孔口 5m，受重伤经抢救无效死亡。

案例 7　1985 年 3 月。某市爆破工程队进行楼房基础桩孔开挖爆破。桩孔已开挖 10m 深，继续向下用浅眼爆破破碎风化岩。半夜 12 时放炮时，桩孔口未加遮盖，又未进行清场和安全警戒。起爆后破碎岩块从 10m 深桩孔中飞出，击中距爆破点 50m 处一工棚内正酣睡中的一男青年头部，当场死亡。

案例 8　1980 年 9 月，某铜矿采场 334 台阶进行硐室爆破，警戒范围 500m，信号台发布起爆预备信号后，安全人员发现一些民工和家属躲在离爆破点只有 290m 的旧避炮洞内，但未实施组织撤离。炮响后，一些大块岩石飞落在旧避炮洞上，击垮 3 架棚子，使躲在下面的 17 名民工和家属中的 7 人当场死亡。

案例 9　1987 年 5 月，某公司在某市中医院基建工地采用水压爆破拆除硐堡。按密布钢筋混凝土计算装药量，布大小药包 18 个（药量 1.2 ~ 6kg），总药量为 100.2kg。起爆后硐堡西南角碎石块向前冲出，冲倒距硐堡 43.2m 的变电所铁门，打碎 53.7m 外居民楼 4 层以下窗玻璃几十块。事后检查发现该硐堡西南角下方一区段未布钢筋，系素混凝土结构，因而产生局部冲炮。

案例 10　1966 年，湘黔铁路建设中，某硐室爆破时大量块石抛入前方稻田，稻田中淤泥积压已建涵洞，造成涵洞变形报废。

案例 11　1973 年 5 月，石砭峪定向爆破筑坝（总装药量 1582.9t，爆破方量 236.5 万立方米），爆破时使左岸上、下游各距爆破漏斗边缘 120m 及 115m 范围内产生大量岩体滑塌，方量达 24 万立方米，特别是次日有万余立方米滑体岩石堵塞了导流隧洞进口（进口端因上游塌方已堵死洞口）。因而引发有害气体中毒事故，先后致 27 人中毒，其中 5 人死亡。在爆破 7 天后检测发现，导流隧洞中 NO_2、CO 浓度仍大大超出安全允许值。

案例 12　1980 年，福建某县江田乡玫山村采石场，因爆破振动，造成相距 50m 的另一采石场塌方，死亡 5 人的爆破事故。

案例 13　1982 年 1 月 14 日，湖南某矿发生一起重大的硫化矿炸药自爆事故。爆炸地段矿石平均含硫量 27.75%，采用有底柱分段崩落法采矿，中深孔扇形炮孔布置，使用粉状 2 号岩石炸药，炸药量 200 ~ 300kg。本次爆破装药自 14 日 8 点左右开始，13 时左右突然发生爆炸，正在现场装药的 6 名工人和技术人员全部遇难。

案例 14 1991 年 3 月，新疆某县白杨河煤矿，在地质情况不清的情况下违章爆通采空区，引起透水事故，死亡 4 人。

案例 15 1991 年 4 月，山西某县八义乡龙山村煤矿，在地质和老采空区情况不明、没有爆破设计的情况下，盲目布置巷道爆破施工，并且发现巷道淋水后仍冒险爆破作业，导致爆破引发透水事故，死亡 8 人。

案例 16 1991 年 1 月惠州港油制气码头芝麻州孤岛进行大爆破，爆区长 1000m，宽约 350m，高 96m，总炸药量 3300t，采用 13 段毫秒爆破，最大一段装药量 352t，最大药包最小抵抗线 24.5m，爆破作用指数 1.14。爆后产生的涌浪高达 2.5m 左右冲向 3m 高的码头时，涌流爬高达 6m 左右，将码头上几十座工棚全部推倒，码头边沿上的部分石头冲上岸。涌浪对海中鱼类亦有影响，造成渔业种苗资源的损失，补救资金达 200 万元。

案例 17 1984 年，山东某矿分 3 次拆除爆一旧涵洞，连续进行两次补救爆破后，当第 3 次进场装药爆破时，工人进洞后即相继昏倒，救护人员也发生昏倒，先后 28 人中毒，4 人死亡。

案例 18 1983 年 6 月，山东某铁矿井下中深孔爆破（3.8t 炸药），自然通风，次日工人下井时造成爆破有毒气体中毒，连同救护人员，造成 34 人中毒，2 人死亡的重大事故。

案例 19 2001 年 6 月，四川邛崃某拆除爆破工程拟爆破 4 幢约 8000m^2 的旧楼。爆破施工时正遇雨天，爆破网路连接急促，结果第 3 次起爆后仍有雷管没响，造成只有 D 楼按设计倒塌，B 和 C 楼倒塌效果差，A 楼没有倒塌。

案例 20 2001 年 4 月，海南省三亚市万国旅游管理楼拆除爆破，将 56kg 炸药装入 620 个炮孔内，设计分 6 段毫秒延时爆破，历史 1025ms，大楼向东定向倒塌。起爆后，黄烟弥漫中的高楼没倒，楼内 620 个炮孔只将炮孔直径扩大了一些。

案例 21 1987 年 7 月，山西某矿 9 号煤层新开巷 2 煤区，爆破员连好爆破网路准备放炮时，安全员等 3 人拟去测量 2 煤区尺寸，对爆破员说："等量完尺寸再放炮"，并随手将网路主线和支线断开；安全员等取来皮尺去测量时听到炮响，发现爆破员已倒在现场死亡。故事原因分析：爆破员起爆不响便去查线，发现主线与支线已断开，未经脱离电源就连接，结果炮响。

案例 22 1984 年，河南某铁矿用变压器输出电缆临时当做放炮母线并关掉总闸，中午炮孔填塞快结束时因照明用电，有人将变压器总闸合上，结果造成 4 人死亡，1 人重伤的事故。

案例 23 1983 年 1 月，某铅锌矿进行药量为 952t 的硐室大爆破。3 号硐室 18 号药室内已装炸药 32t，副起爆体 3 个，还有 5t 炸药放在硐室内，拟次日装入主起爆体后再继续装药。挂在木牌上的照明灯泡距炸药堆垂直高度为 40cm。当晚 7 时刚过，看守人员听到掉渣的声音，7 点半左右一守硐人员听到 18 号药室轰轰的响声，抬头看见一团荧绿色的火光，4 人立即跑出硐外报警。硐口很快冒出浓烟，几分钟后发生了爆炸，把 2 号硐振塌，将正在硐内装药的 49 人堵在硐内，全部窒息致死，同时硐外炸死 8 人。

案例 24　1977 年 7 月，海南某铁矿进行深孔爆破，因炮孔中有水，装药为浆状炸药，用胶质炸药做中继起爆药，铜质毫秒电雷管起爆。爆破网路连接好后等候起爆，这时由于杂散电流作用，致 25 个炮孔中的 9 个炮孔发生早爆。

案例 25　1985 年 6 月，某地质队爆破员徐某手持电雷管走至离译码器电台天线 0.5m 处时（编码器与译码器两电台正在通话），手中电雷管发生爆炸将其手炸伤。1986 年 4 月，该队某班长开机与内部编码人员通话时，引起离译码器电台 0.6m 处一起爆药包（内装电雷管和 3kg 炸药）爆炸，造成 1 人死亡 6 人受伤的事件。

案例 26　1974 年 5 月，广东大宝山铁矿在一次电爆破网路施工中，全部电雷管爆破网路已经连接好，两根主线也已接在起爆器的连线柱上，但起爆器尚未充电，突然附近发生雷击使全部雷管发生早爆。

案例 27　1977 年 7 月，海南某露天铁矿进行深孔爆破，用铜壳毫秒电雷管进行并串联起爆，当装药连线完成后，在待爆时爆区附近遭遇雷击，致使 9 个炮孔中的装药全部发生早爆。

案例 28　澳大利亚某石灰石矿采场，1 个凿岩工帮助 1 个爆破员向炮孔里装炸药时，一个胶质炸药包卡在炮孔中。凿岩工用钻机钻杆加压把药包往孔底推，他用这种方法装了两个以上的药包。当跟班管理员询问他时，他说以前就是这样装的。在跟班管理员离开不久，发生装药炸药爆炸，该凿岩工被抛到下一台阶上，经抢救无效死亡。

案例 29　1972 年 10 月，在土耳其，由于炸药运输车超载，快到库房时，1 包炸药从车上掉下来，引起爆炸，3 人死亡，3 人受伤。

案例 30　1976 年 5 月 28 日承德磷矿 1 号露天堑沟进行 14 个硐室 7t 铵油炸药的松动爆破，用 2 号岩石炸药作起爆药，药包炮响后 21min，东北角 1t 硐室又突然起爆。经查实，为一部分 2 号岩石炸药硬化变质，雷管起爆后仅能使起爆药包燃烧，又由燃烧转为爆轰造成延时爆破。

案例 31　1996 年某部十七局承担四川广元机场 600t 大爆破，爆破未达到设计效果。1999 年 4 月 30 日，承接施工的武胜某公司在机场进行常规爆破中，诱发了 3 年前一未爆药室（10t）的爆炸，飞石冲向 1km 外的数十户人家，造成 1死 26 伤的爆破事故。

案例 32　1970 年 6 月，辽宁某矿井下炸药库存放 2 号铵梯炸药 1700kg，雷管 500 余发，库内用 12 盏 100W 灯泡照明，兼做防潮烘烤，结果造成雷管连续受热爆炸，导致炸药爆炸，死亡47人。

案例33 1976年6月黑龙江某炸药库3名工作人员清扫仓库时，1名工人往地上扔一个四角包有铁包角的木箱，铁包角撞击水泥地面产生火花，引起散落在地面上的炸药爆炸，导致炸药库（存放黑火药300kg，发射药7000kg）爆炸，伤亡惨重。

案例34 1984年4月9日新疆某采石场未经有关部门批准，私自生产炸药，将未等冷却的炸药装入塑料袋中，放在有人居住的房间里，由于炸药热量聚集而引发其自燃爆炸，致13人死亡，7人受伤的爆破事故。

案例35 1985年2月24日，安徽某县小煤窑，由于工人在存放有42kg炸药的工棚内用煤炉取暖，炉火将工棚烧着引起炸药爆炸，造成当场炸死2人，炸伤8人，炸毁房屋20余间的爆炸事故。

案例36 1992年1月，江西某市白上乡中山煤矿，井下巷道掘进爆破时，造成死亡24人的爆破事故。

案例37 1991年10月，辽宁某矿务局冠山三井，由于局部通风管理不善，瓦斯集聚超标，爆破时引起瓦斯爆炸，造成11人死亡，5人重伤的爆破事故。

案例38 1990年12月，河北某市东矿区街道办古冶煤矿西井，井下煤尘飞扬，违章"糊炮"爆破引起瓦斯爆炸，造成22人死亡，6人重伤的爆破事故。

案例39 1991年12月，新疆某市跃进钢厂五井田煤矿，放炮时引起煤尘飞扬，由于供电线的明接头发生火花，引起瓦斯煤尘爆炸，造成死3人，重伤3人的爆破事故。

案例40 1963年8月，英国某地下煤矿，雷电由20kV高压线传至地下170m的机电设备处，造成设备对地放电引起瓦斯爆炸，造成重大伤亡事故。

案例41 1962年5月，安徽某矿在硫化矿床内进行大爆破施工时，装药药包发生自燃爆炸的早爆事故。

案例42 1986年5月，某施工单位拆除三层工业厂房，要求部分保留。施工单位用砖垛顶住1、2层大梁，使7m高的厂房失稳坍塌，致5人死亡，3人受伤；因不适当预拆除受力构件，致厂房失稳，使厂房未爆自塌。

案例43 1994年3月22日，青海省李家峡电站工程进行交通洞口开挖爆破，抛出一块长108cm，上宽25cm，下宽46cm的巨石，砸中距爆源69m、高差37m白铁皮值班房，造成房内避炮人员2人死亡、3人受伤的爆破事故。

案例44 2001年，云南某电厂拆除爆破120m高的烟囱，因地面没有减振措施，烟囱倒地时激溅起大量飞石，造成1人死亡，数十人受伤的爆破事故。

案例45 2001年7月16日，陕西省横山县党岔镇马坊村一非法生产炸药的个体户藏匿炸药爆炸造成70人死亡，85人受伤的特大爆炸事故。

案例46 1995年5月18日，河南省某人在私自炒制炸药过程中，炸药发生爆炸，造成 12 人死亡，13 人受伤，32 间房屋被炸毁，70 余间房屋损坏的特大爆炸事故。

案例 47　1994 年 10 月 23 日，西安某民爆企业用解放牌 CA – 141 型载货汽车装运 140 箱（车内堆高 4 层）105 万发 8 号纸质火雷管，沿 309 国道驶至山东省平度县洪山乡政府驻地附近发生爆炸，在地面上形成一长 6.0m，宽 5.6m，深 1.9m 的爆坑，造成 5 人死亡，95 人受伤（其中重伤 6 人）。爆炸冲击波（距爆点 500m 处其强度为 2kPa）致周围 13 个村庄遭受不同程度破坏，炸点附近公共建筑和民宅破坏严重，洪山乡当地交通、通信、供电中断，直接经济损失 826 万元（据查汽车司机无道路危险货物运输许可证、车内雷管箱子装载高度超限、车厢内后方监视空间无押运人员看守、搭乘无关人员等）。

案例 48　1999 年 7 月 27 日，云南某民爆厂用东风牌加长货车（其车厢铁质底板未铺垫措施）装运 28.5 万雷管，经沿途 2 次卸货后，当车行驶到重庆市长寿县凤城镇时发生爆炸，造成 14 人死亡，61 人受伤，周围众多民房被炸毁，直接经济损失 400 余万元。

案例 49　1992 年 11 月 13 日，西安某民爆厂运往青海省的已装入火车厢内的 183 万发雷管在西安东站等待编组时发生爆炸，车厢被炸碎，车站部分设施及仓库、民库等遭受不同程度破坏，造成 7 人死亡，8 人重伤，83 人轻伤，直接经济损失 2966 万元的火车运输爆炸事故。

案例 50　深圳市安贸危险品储运公司清水河库区存放有多孔粒硝酸铵 49.6t，硝酸铵 17.75t，过硫酸铵 20t，高锰酸钾 10t，硫化碱 10t 及樟脑精等物品，此外还有数千箱火柴等。1993 年 8 月 5 日 13 时 26 分，其清水河化学危险品仓库发生特大爆炸事故，爆炸引发大火，1 小时后火区又发生第二次强烈爆炸，造成更大范围的破坏与火灾。深圳市政府立即组织数千人奋力抢救，于 8 月 6 日凌晨 5 时扑灭了历时 16h 的大火。此次爆炸形成 2 个 7m 深的爆坑，第一次形成的爆坑直径 23m，共造成 15 人死亡，一百多人受伤（至 8 月 12 日仍有 101 人住院治疗，其中重伤 25 人），直接经济损失逾 2 亿元。

案例 51　某厂用 1 号、2 号、3 号轮碾机（热混法）加工生产硝铵炸药，由于生产安全管理不善，轮碾机长期非"吊砣"（砣吊杆脱扣）生产，平时出勤率不高，2 号轮碾机暂停机时仍间断向轮碾机夹层供汽，也曾用其加工碾碎未过筛含有杂物的地面扫集废药，前班工人下班时亦未将药出净，2 号机内尚存药 150kg 左右。1992 年 2 月 12 日 8 时 12 分，首先抵岗的 2 号机操作工人，装好刮板，开动轮碾机准备清除余药，运转约 1 ~ 2min 的 2 号轮碾机突然发生爆炸。使 35m² 砖木结构的 2 号工房和机器设备全部炸毁，机内 2 个 500kg 的碾砣分别抛飞到 25m 的山坡上和 30m 处的公路边；相邻（墙与墙之间距离 1.5 ~ 2.0m，没有防爆墙）的 1、3 机工房和设备不同程度地被摧毁，房顶掀掉石棉瓦，迎爆面墙

壁仅留 0.6～1.0m 高的残墙，工房水、电、汽、消防等设施均损坏，100m 范围
内工房玻璃大部分振碎。此次热混法工序炸药爆炸造成 3 人死亡，5 人受伤（其
中 3 人重伤）的重大生产事故。

案例 52 1997 年 6 月 20 日 9：30 时，山东某民爆厂铵油炸药轮碾机混合工
序工人擅自修改炸药配方，违反操作规程及生产系统温度失控等原因，造成混药
工房爆炸，致 2 人受轻伤，工房及设备被毁，直接经济损失 3 万元。

案例 53 1992 年 6 月 27 日，湖北某民爆厂铵梯炸药生产线因违章焊接引发
炸药爆炸造成 22 人死亡，3 人受伤的爆炸事故。

案例 54 1988 年 1 月 5 日 10：23 时，某民爆厂乳化炸药生产线停产封存，
因封存设备"乳化器"清洗不净，其搅拌轴焊接口有缝，在停产封存期间没有
关闭通往加盖乳化器的加热管路，引发乳化炸药生产线封存设备"乳化器"爆
炸，乳化器上盖与立式电机和减速器被掀到屋顶，将工厂屋顶冲坏 1.5m² 的孔
洞，门窗玻璃全部击碎，设备报废。

案例 55 1999 年 7 月 5 日 10：19 时，福建省某民爆厂锅炉房围墙边报废设
施堆放处，因施工人员搬移报废母液水缓冲罐（曾用于起爆药制造）发生爆炸，
造成 7 人死亡，1 人重伤的重大爆炸事故。

案例 56 河北省某县某化工公司引进的粉状乳化炸药生产线处于生产试运
行阶段，已生产粉状乳化炸药 500t 余，胶质乳化炸药 30t 余。2004 年 2 月 22 日
早班生产粉状乳化炸药时发现干燥塔下部堵塞（约有 2t 炸药），遂卸下塔下部转
子开关进行调整（生产仍进行），后停机，拟下午继续停机排堵清理。下午 12 时
后转为生产胶质乳化炸药，经现场调试，胶质乳化炸药生产线正常出料，质检员
现场采样后离去，水相、油相未进料，5 时突然发生爆炸，整座厂房钢混框架结
构被炸毁，在地面形成一深 2.55m，直径 10.50m 的爆坑，厂房内设备全部抛落
在土堤上（外），附近所有建筑物门窗玻璃破碎无存，造成 13 人死亡，15 人受
伤的特大爆炸事故。

案例 57 2005 年 4 月 21 日中班，重庆市某厂乳化炸药制药工房生产粉状乳
化炸药，生产现场除存有粉状乳化炸药外，还有胶状乳化基质、乳化炸药和硝酸
铵。粉状乳化炸药生产投料至 16：30 时，出现水相管道堵料，领导组织工程技
术人员现场排障，断续反复操作停开机 4 次，直到 22 时许正常运行（并留人监
护）。此时天气变化，天空出现雷雨现象，22：15 时许乳化炸药制药工房突然发
生爆炸，造成 12 人死亡，7 人失踪，12 人受轻伤的特大爆炸事故。爆炸形成一
长 9.8m，宽 6.8m，深 2.7m 的爆坑（系回填土上面铺一层混凝土介质）；工房内
所有设备全部破坏，乳化器转子抛至 45m 山坡处，距爆心 60m 处的树林里部分
树干（φ35～45cm）连根拔起或折断，50m～100m 范围内的工房墙面掉落，墙体
出现 5～8mm（长 1～2m）裂纹，100～150m 范围内的锅炉房石棉瓦坠地，150～

200m 范围内工房少量玻璃破碎。

案例 58 山东省招远某民爆公司铵梯炸药生产线机械设备和设施比较老化，自动化程度低；生产工人违规使用铁制工具投料、工房炸药存量超限等原因，影响炸药生产安全。2006 年 4 月 1 日 19 时许，其铵梯炸药生产线的凉药、装药、包装工房发生爆炸，造成 29 人死亡，2 人受伤的特大爆炸事故。铵梯炸药生产线铵梯油炸药爆炸使整个工房夷为平地，在凉药机地面形成一长 8.00m，深 0.83m 爆坑，防护堤外空地处树木被拦腰折断，爆心周围 445m 范围内建筑物玻璃严重破坏。

案例 59 2006 年 6 月 16 日 15 时许，安徽省当涂县某公司粉状乳化炸药生产线操作失误，在初乳基质全部从初乳罐输移到储存罐后，未及时关闭一号螺杆泵而断料空转，致泵腔内基质剧烈机械摩擦升温而导致乳化炸药生产线爆炸，造成 16 人死亡，24 人受伤（其中重伤 3 人）的特大爆炸事故。爆炸在储存罐下方位置形成一长 4.0m，宽 3.5m，深约 1.8m 的爆坑，爆炸使整个工房被炸毁，墙体侧塌，建筑物破碎片四处飞落，100m 范围内到处可见，4 台水、油相熔化罐被抛至 40m 道边，储存罐的搅拌轴抛落在 230m 处，在 400m 有小山丘阻隔的厂职工宿舍区有少量窗玻璃损坏，墙体有 1～2mm 宽的裂缝，500m 外的城郊家中有窗玻璃破碎现象。

案例 60 1999 年 1 月 9 日，安徽省桐城三十铺镇金冲村花炮厂发生火药爆炸事故，造成 14 人死亡，3 人受伤的鞭炮火药爆炸事故。

案例 61 1999 年 4 月 26 日，哈尔滨市道外区承德街 55 号居民楼发生鞭炮爆炸，造成 16 人死亡的特大鞭炮爆炸事故。

案例 62 1984 年 6 月，某铁矿推广深孔爆破一次成井技术，在没有通风措施的情况下实施爆破，结果造成 7 人死亡的爆破炮烟中毒事件。

案例 63 1987 年 3 月 15 日凌晨 2：39 时，哈尔滨亚麻厂梳麻车间、前纺车间和细纱车间因亚麻粉尘超标发生重大粉尘爆炸，造成当时（初步）查明 56 人死亡，179 人受伤，厂房、设备严重破坏的亚麻粉尘爆炸事故。

案例 64 1990 年，山东某市薛城区周营煤矿放炮后落煤堵住风口，集聚有害气体，致使 3 人窒息死亡。

案例 65 2012 年 8 月 5 日，浙江省温州市瓯海发生粉尘爆炸事件，造成 13 人死亡的重大粉尘爆炸事故。

案例 66 1921 年美国芝加哥市一台大型谷类提升机发生粉尘爆炸，将 40 座每座约装 30 万吨粮食的仓库从底座掀起，并使其移动了 1.524m 的距离，造成 6 人死亡 1 人受伤，经济损失达 400 万美元的重大粉尘爆炸事故。

案例 67 1966 年日本横滨饲料厂发生玉米粉尘爆炸，引发累积性连锁燃烧爆燃，造成整个工厂遭受到蔓延性的重大燃烧爆破事故，损失惨重。

案例68 2014 年 8 月 2 日 7：34 时，江苏省昆山市昆山中荣金属制品有限公司（台商独资企业）抛光二车间发生铝粉尘爆炸事件，造成当天 75 人死亡（后又陆续死亡多人），185 人受伤，直接经济损失 3.51 亿元的特别重大铝粉尘爆炸事故。

案例69 2014 年 4 月 16 日，江苏省如皋市硬脂酸粉尘爆炸，造成 8 人死亡，9 人受伤的粉尘爆炸事故。

案例70 2015 年 6 月 27 日 20：30 时左右，中国台湾地区新北市八仙水上乐园举办"彩色跑"彩色派对体育活动。当"彩色跑"抛散物工业产品彩色粉末（玉米淀粉和食用色素等）喷洒到会场舞台时，由于当晚风势非常大，瞬间燃灼性彩色粉末遇明火燃烧，一团火苗冲高 2 米，整个地板几乎全是火焰；眨眼间转变为连环爆炸，造成 516 人受伤（其中重伤 194 人）的粉尘爆炸事故。

参 考 文 献

［1］汪旭光．爆破设计与施工［M］．北京：冶金工业出版社，2011.

［2］顾毅成．爆破工程施工与安全［M］．北京：冶金工业出版社，2004.

［3］王明林．凿岩爆破［M］．沈阳：东北工学院出版社，1991.

［4］陶松霖．爆破工程［M］．北京：冶金工业出版社，1979.

［5］钮强．岩石爆破机理［M］．沈阳：东北工学院出版社，1990.

［6］刘殿忠．工程爆破适用手册［M］．北京：冶金工业出版社，1999.

［7］刘清荣．控制爆破［M］．武汉：华中工学院出版社，1986.

［8］陈庆凯，等．工程爆破技术与安全管理［M］．沈阳：东北大学出版社，2002.

［9］杨旭升，等．爆破施工实用技术［M］．沈阳：东北大学出版社，2007.

［10］［美］杜邦公司，编，尤维祺，译．爆破手册［M］．北京：冶金工业出版社，1986.

［11］［瑞典］斯蒂格·O.奥洛弗松，著．建筑及采矿工程实用爆破技术［M］．北京：煤炭
　　　工业出版社，1992.

［12］《采矿手册》编辑委员会，编．采矿手册［M］．第2卷．北京：冶金工业出版社，1990.

［13］［芬兰］丁·普基拉，主编，尤维祺，于亚伦，译．露天凿岩爆破［M］．北京：冶金
　　　工业出版社，1982.

［14］徐小荷，余静．岩石破碎学［M］．北京：冶金工业出版社，1984.

［15］金骥良，等．工程爆破安全［M］．合肥：中国科技大学出版社，2009.

［16］钟冬望，等．爆破安全技术［M］．武汉：武汉工业大学出版社，1992.

［17］［苏］6.H.库图佐夫，主编，朱瑞庚，等译．工业爆破安全［M］．北京：冶金工业出
　　　版社，1987.

［18］铙国宁，等．安全管理［M］．南京：南京大学出版社，2010.

［19］袁昌明，等．安全管理［M］．北京：中国计量出版社，2009.

［20］罗云，程五一．现代安全管理［M］．北京：化学工业出版社，2004.

［21］张景林，崔国璋．安全系统工程［M］．北京：煤炭工业出版社，2002.

［22］王金波．安全原理［M］．沈阳：东北工学院出版社，1998.

［23］陈宝智．安全原理［M］．北京：冶金工业出版社，2002.

［24］林菊生．民用爆炸物品安全管理基础［M］．北京：国防工业出版社，2007.

［25］秦尚文．爆炸物品安全管理［M］．成都：四川科学技术出版社，1988.

［26］张永哲．爆破器材经营与管理［M］．北京：冶金工业出版社，2007.

［27］董丽燕、郑宝堂，主编．公路工程施工招标投标及施工监理实务［M］．沈阳：东北大
　　　学出版社，2006.

［28］闻邦椿．现代成功学［M］．北京：新华出版社，2013.

［29］［日］正田亘，著，李惠春，译．安全心理［M］．武汉：冶金部安全环保研究院，1986.

［30］辽宁省建筑科学研究院．辽宁省建筑安全培训资料之二［G］．沈阳：辽宁省建筑科学
　　　研究院，2008.